数学思维秘籍

图解法学数学，很简单

5 数学游戏

四川教育出版社

图书在版编目（CIP）数据

数学思维秘籍 : 图解法学数学，很简单. 5，数学游戏 / 刘薰宇著. -- 成都 : 四川教育出版社，2020.10

ISBN 978-7-5408-7414-8

Ⅰ. ①数… Ⅱ. ①刘… Ⅲ. ①数学－青少年读物 Ⅳ. ①01-49

中国版本图书馆CIP数据核字(2020)第147837号

数学思维秘籍　图解法学数学，很简单　5数学游戏

SHUXUE SIWEI MIJI TUJIEFA XUE SHUXUE HEN JIANDAN 5 SHUXUE YOUXI

刘薰宇　著

出 品 人　雷　华
责任编辑　吴贵启
封面设计　郭红玲
版式设计　石　莉
责任校对　林蓓蓓
责任印制　高　怡
出版发行　四川教育出版社
地　　址　四川省成都市黄荆路13号
邮政编码　610225
网　　址　www.chuanjiaoshe.com
制　　作　大华文苑（北京）图书有限公司
印　　刷　三河市刚利印务有限公司
版　　次　2020年10月第1版
印　　次　2020年11月第1次印刷
成品规格　145mm×210mm
印　　张　4
书　　号　ISBN 978-7-5408-7414-8
定　　价　198.00元（全10册）

如发现质量问题，请与本社联系。总编室电话：（028）86259381

北京分社营销电话：（010）67692165　北京分社编辑中心电话：（010）67692156

前言

为了切实加强我国数学科学的教学与研究，科技部、教育部、中科院、自然科学基金委联合制定并印发了《关于加强数学科学研究工作方案》。方案中指出数学实力往往影响着国家实力，几乎所有的重大发现都与数学的发展与进步相关，数学已经成为航空航天、国防安全、生物医药、信息、能源、海洋、人工智能、先进制造等领域不可或缺的重要支撑。这充分表明国家对数学的高度重视。

特别是随着大数据、云计算、人工智能时代的到来，在未来生活和生产中，数学更是与我们息息相关，数学科学和人才尤其重要。华为公司创始人兼总裁任正非曾公开表示："其实我们真正的突破是数学，手机、系统设备是以数学为中心。"

数学是一门通用学科，是很多学科与科学的基础。在未来社会，数学将是提高竞争力的关键，也是国家和民族发展繁荣的抓手。所以，数学学习应当从娃娃抓起。

同时，数学是一门逻辑性非常强而且非常抽象的学科。让数学变得生动有趣的关键，在于教师和家长能正确地引导孩子，精心设计数学教学和辅导，提高孩子的学习兴趣。在数学教学与辅导中，教师和家长应当采取多种方法，充分调动孩子的好奇心和求知欲，使孩子能够感受学习数学的乐趣和收获成功的喜悦，从而提高他们自主学习和解决问题的兴趣与热情。

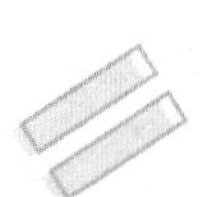

为了激发广大少年儿童学习数学的兴趣，我们特别推出了《数学思维秘籍》丛书。它集中了我国著名数学教育家刘薰宇的数学教学经验与成果。刘薰宇老师1896年出生于贵阳，毕业于北京高等师范学校数理系，曾留学法国并在巴黎大学研究数学，回国后在许多大学任教。新中国成立后，刘老师曾担任人民教育出版社副总编辑等职。

刘老师曾参与审定我国中小学数学教科书，出版过科普读物，发表了大量数学教育方面的论文。著有《解析几何》《数学的园地》《数学趣味》《因数与因式》《马先生谈算学》等。他将数学和文学相结合，用图解法直接解答有关数学问题，非常生动有趣。特别是介绍数学理论与方法的文章，通俗易懂，既是很好的数学学习导入点，也是很好的数学启蒙读物，非常适合中小学生阅读。

刘老师的作品对著名物理学家、诺贝尔奖得主杨振宁，著名数学家、国家最高科学技术奖获得者谷超豪，著名数学家齐民友，著名作家、画家丰子恺等都产生过深远影响，他们都曾著文记述。杨振宁曾说，曾有一位刘薰宇先生，写过许多通俗易懂和极其有趣的数学文章，自己读了才知道排列和奇偶排列这些极为重要的数学概念。谷超豪曾说，刘薰宇的作品把他带入了一个全新的世界。

在当前全国掀起学习数学热潮的大好形势下，我们在忠实于原著的基础上，对部分语言进行了更新；对作品进行了拆分和优化组合，且配上了精美插图；更重要的是，增加了相应的公式定理、习题讲解、奥数试题、课外练习及参考答案等。对原著内容进行的丰富和拓展，使之更适合现代少年儿童阅读、理解和运用，从而更好地帮助孩子开拓数学思维。相信本书将对广大少年儿童、教师以及家长具有较强的启迪和指导作用。

目录

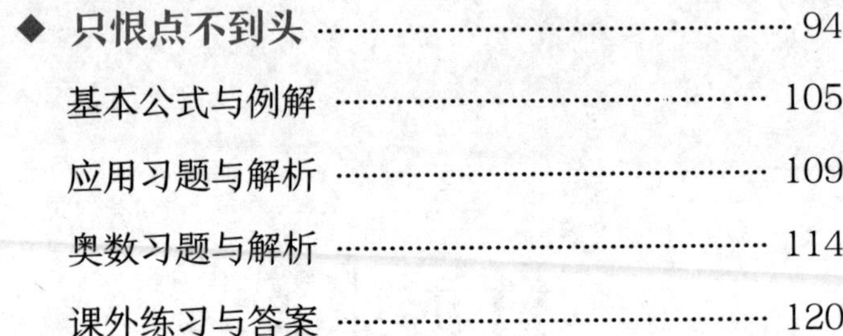

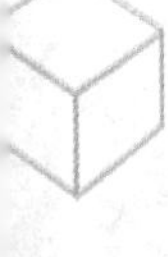

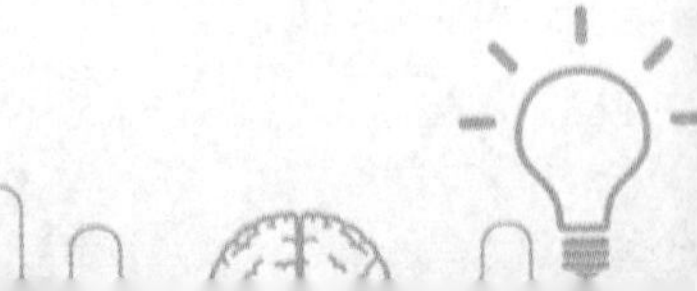

◆ 八仙过海的闷葫芦

“八仙过海”只是一个游戏，我们只能在游戏场中碰到它，学校里的教科书上是没有的。它的游戏规则大体如下：

一个人将八个钱币分上下两行排在桌上，叫你看准一个记在心里。他将钱币收起，重新排过，仍是上下两行，又叫你看定你前次认准的那一个在哪一行，将它记住。他再将钱币收起，又重新排成两行，这回他叫你看，并且叫你告诉他你所看准的那一个钱币在这三次位置的上下。

比如你说“上下下”，他就将下一行的第二个指给你。虽然你觉得有点奇怪，想抵赖，但是你的脸色也不肯替你隐瞒了。

这个游戏就是“八仙过海”。这个人为什么会有这样的本领呢？你可能会疑心他是偶然猜中的。然而再来一次、两次、三次，他总不会失败，这就不是偶然了。

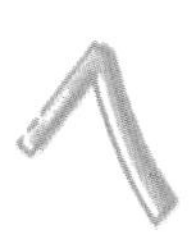

你又会疑心他每次都在注意你的眼睛，但是我告诉你，他哪儿有这么大的本领，只瞥了你一眼，就能看准你所认定的那个钱币吗？你又以为他能隔着皮肉看透你心上的影子，但是除了这一件事情，别的为什么他又看不透呢？

这游戏的奥妙究竟在哪里呢？朋友，你既然喜欢和数学亲近，大概总想受点儿科学的洗礼。

其实，“八仙过海”不过是人想出来的游戏，你何必对它惊奇呢？你如果不相信，我就把它的玩法告诉你。

它的玩法有两种：一种姑且说是非科学的，还有一种是科学的。前一种比较容易，但是也容易被人看破，似乎未免难堪；后一种却较“神秘”些。

先来说第一种。你将八个钱币分成上下两行，照图1–1排好，便叫想寻它开心的人心里认定一个，告诉你它在上一行或是下一行。

D C B A 上

H G F E 下

图 1–1

○ ○ C A 上

○ ○ D B 下

图 1–2

比如他回答你是“上”，那么你顺次将上一行的四个收起，再收下一行的。然后将收在手里的一堆钱币（注意，是一堆，你弄乱了那就要垮台了），上一个下一个地再摆成两行，如图1–2。

你将两图比较起来看，图1–1中上一行的四个，到图1–2中分成上下各两个了。你再问他所认定的这次在哪一行。

比如他的回答是“下”，那么第一次在“上”，这一次在“下”的只有B和D，你就先将这两个收起，再胡乱去收其余的六个，又照第二次的方法排成上下两行，如图1–3。

○ ○ ○ B 上

○ ○ ○ D 下

图 1–3

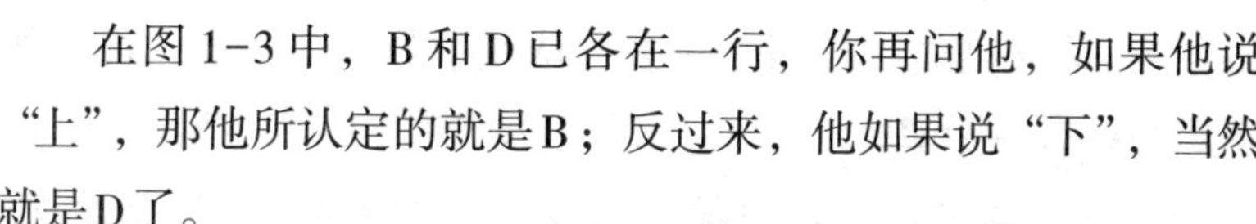

在图1–3中，B和D已各在一行，你再问他，如果他说“上”，那他所认定的就是B；反过来，他如果说“下”，当然就是D了。

你看这三个图，我在图1–2中有四个圈，在图1–3中有六个圈，这不是我忘了，也不是懒，空圈只是表示与它们的位置没有什么关系。

其实这种玩法道理很简单，就是第二次留一半在原位置，第三次留下一半的一半在原位置。四个的一半是两个，两个的一半是一个，这还有什么猜不到呢？

我不是说这种方法是非科学的吗？因为它实在没有什么一定的方式，不但是A、B、C、D在图1–2中可随意平分排在上下两行，而且也不一定要排在右边四个位置，只要你自己记清楚就可以了。

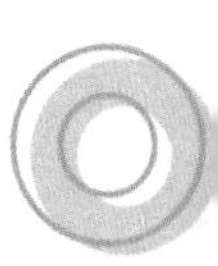

举个例说，比如你第一次将钱币收在手里的时候，是这样一个顺序：A、B、E、F、G、H、C、D，你就可以排成图1–4（样子很多，这里不过随便举出两种），无论在哪一种里，其目的总是把A、B、C、D平分成两行。同样的道理，图1–3的变化也很多。

①					②				
D	C	H	G	上	B	F	H	D	上
F	E	B	A	下	A	E	G	C	下

图 1–4

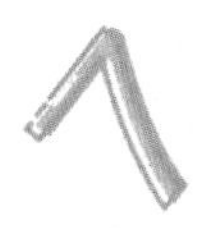

老实说，这种玩法其实就是这样：你的两只手里各拿着四个钱币，先问别人所要的在哪一只手里，他如果说“右”，你就将左手的甩掉，从右手分两个过去；再问他一次，他如果说

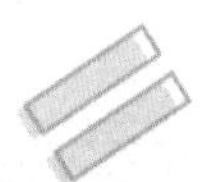

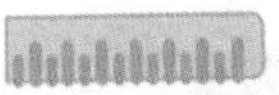

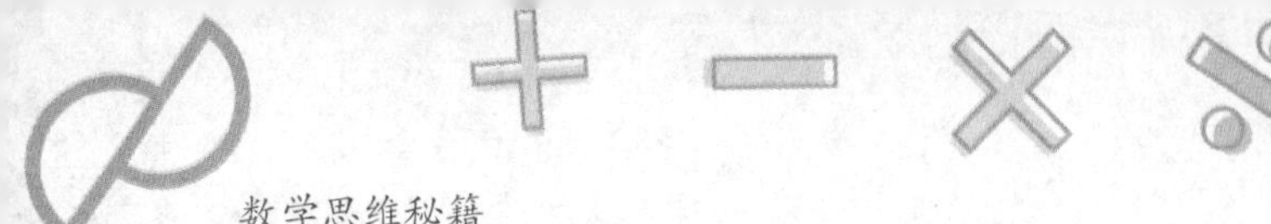

“左”，你又把右手的两个丢去，从左手分一个过去，再问他所要的在哪只手里。

朋友，你说可笑不可笑，你左手、右手都只有一个钱币了，他对你说明在左在右，还用你猜吗？所以第一种玩法是蒙混小孩的把戏。

现在来说第二种。第二种和第一种的不同，就是钱币的三次位置，别人是在最后一次才一口气说出来，这倒需要有点儿硬功夫。

我还是先将玩法叙述一下吧。第一次排成图1-5的样子，其实就是图1-1，“上下”指的是行数，“1、2、…、8”是钱币的位置。你叫别人认定并且记好了上下，就将钱币收起，照1、2、3、4、5、6、7、8的顺序收，不可弄乱。

收好以后，你就从左到右先排下一行，后排上一行，成图1-6的样子。

7	5	3	1	
D	C	B	A	上
8	6	4	2	
H	G	F	E	下

图 1-5

7	5	3	1	
F	B	E	A	上
8	6	4	2	
H	D	G	C	下

图 1-6

别人看好以后，你再照1、2、3、4、5……的次序收起，照同样的方法仍然从左到右先排下一行，再排上一行，这就成图1-7的样子。

7	5	3	1
G	E	C	A
8	6	4	2
H	F	D	B

图 1-7

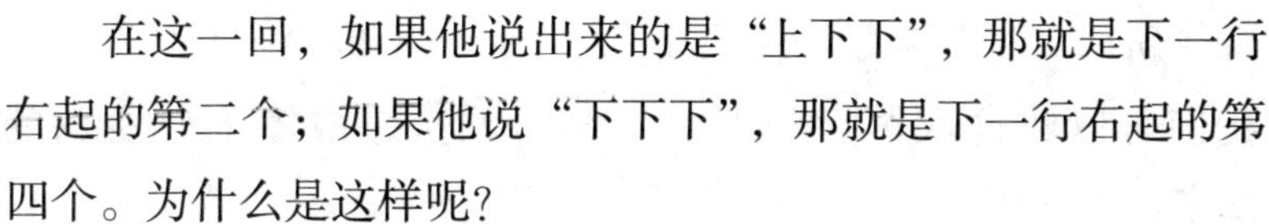

在这一回，如果他说出来的是“上下下”，那就是下一行右起的第二个；如果他说“下下下”，那就是下一行右起的第四个。为什么是这样呢？

朋友，因为摆放成功就是那样的，我们不妨将八个钱币三次的位置都列举出来，如图1-8。

A——上 上 上

C——上 下 上

E——下 上 上

G——下 下 上

B——上 上 下

D——上 下 下

F——下 上 下

H——下 下 下

图 1-8

这样看起来，A、B、C、D……8个钱币三次的位置变化没有一个相同，所以无论他说哪一个，你都可以指出来。

朋友，这次你该明白了吧？不过你还不要太高兴，我这段“八仙过海指南”还没有完呢，而且所差的还是最重要的一个“秘诀”。你难道不会想A、B、C、D……这几个字只有这图上才有，平常的钱币上没有吗？即使你另有八个记号，你要记清楚“上上上”是A，“下下下”是H……这样做也够辛苦的了。

所谓秘诀，就是八个字：“王、元、平、求、半、米、斗、非”。这八个字，都可分成三段，如果某一段中含有一横，那么就算表示“上”，不是一横便表示“下”。

所以“王”字是“上上上”，“元”字是“上上下”……我们可以将这八个字和图 1-7 相对顺次排成图 1-9 所示的样子：

G[7]	E[5]	C[3]	A[1]	上	H[8]	F[6]	D[4]	B[2]	下
斗	半	平	王		非	米	求	元	
下	下	上	上		下	下	上	上	
下	上	下	上		下	上	下	上	
上	上	上	上		下	下	下	下	

图 1-9

由图 1-9，就可看明白，你只要记清楚王、元、平、求……的位置顺序和各字所代表的三次位置的变化，别人说出他的答案以后，你口中暗数应当是第几个就行了。

比如别人说“下上上”，那么应当是“半”字，在第五位；如果他说“上下上”，应当是“平”字，在第三位，这不就可以瓮中捉鳖了吗？

暂时我们还不说到数学上面去。我且问你，这个游戏是不是限定要八个钱币，不能少也不能多？是的，为什么？假如不是，又为什么？“是”或“不是”很容易说出口，不过学科学的人最重要的是既然下个判断，就得说出理由来。

经我这样板了面孔地问，朋友，你也有点儿犹豫不定了吧？大胆一点儿，先回答一个“是”字。真的，顾名思义，“八仙过海”当然总共要八个，不许多也不许少。

为什么呢？因为分上下行，只排三次，位置的变化总共有八个，而且也只有八个。所以钱币少了就有空位置，钱币多了就有变化重复的。

怎样知道位置的变化总共有八个，而且只有八个呢？不错，这是问题的核心，但是我现在还不能回答，且把问题再来梳理一次。

“八仙过海”的游戏有以下的几个条件：

（1）八个钱币；

（2）分上下两行摆放；

（3）前后一共排三次；

（4）收钱币的顺序是照列由上而下，由右而左；

（5）摆钱币的顺序是照行由左而右，从下一行起。

其中（4）（5）分别是收与排的步骤，（1）（2）（3）都直接和数学关联。前面已经回答过了，如果（2）（3）不变，（1）的数目也不能变。那么，假如（2）或（3）改变一下，（1）的数目将怎样呢？

我简单地回答你，（1）的数目也会跟着变。换句话说，如果行数加多“（2）变”或是排的次数加多“（3）变”，所需要的钱币就不止八个，不然便有空位要留出来。

先假定排成三行，那么我告诉你，就要二十七个钱币，因为上、中、下三个位置三次可以调出二十七个花样。你不信吗？请看图1-10。

9	8	7	6	5	4	3	2	1	上
18	17	16	15	14	13	12	11	10	中
27	26	25	24	23	22	21	20	19	下

图 1-10

图1-10本来是任意摆的，不过为了说明方便，所以假定了一个从1到27的顺序。

从图1-10，参照（4）（5）两步骤，就可摆成图1-11。

21 12 3 20 11 2 19 10 1 上

24 15 6 23 14 5 22 13 4 中

27 18 9 26 17 8 25 16 7 下

图 1-11

从图1-11，参照（4）（5）两步骤，就可摆成图1-12。

25 22 19 16 13 10 7 4 1 上

26 23 20 17 14 11 8 5 2 中

27 24 21 18 15 12 9 6 3 下

图 1-12

现在我们来猜了。

甲说“上中下”——他认定的是6；

乙说“中下上”——他看准的是16；

丙说“下上中”——他瞄着的是20；

丁说“中中中”——他注视是的14；

……

一共二十七个钱币，无论别人看定的是哪一个，只要他没有把三次的位置记错或说错，都可以拿出来。这更奇妙了，又有什么秘诀呢?

确切地说，没有。“八仙过海”的秘诀不过比一定的法则灵活一些，所以才用得着。现在要找二十七个字可以代表上、中、下的位置变化，实在没这般凑巧，即使有，记起来也一定

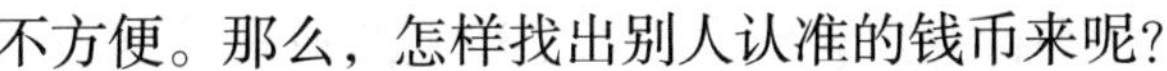

不方便。那么，怎样找出别人认准的钱币来呢？

好，你要想知道，那我们就来仔细考察图1-12，我将它画成图1-13的样子。

25	22	19	16	13	10	7	4	1	上
26	23	20	17	14	11	8	5	2	中
27	24	21	18	15	12	9	6	3	下
	下			中			上		
下	中	上	下	中	上	下	中	上	

图 1-13

图中分成三大段，你仔细看：右起第一段的九个是1到9，在图1-10中恰好都在上行，所以我在它的下面写个大的“上”字；右起第二段的九个是10到18，在图1-10中恰好都在中行，所以下面写个大的“中”字；右起第三段的九个是19至27，在图1-10中恰好都在下行，所以用一个大的“下”字指明白。

你再由各段中右起看第一列，它们在图1-11中，都在上行；各段中的第二列，在图1-11中都在中行；而各段的第三列，在图1-11中都在下行。

这样你该明白了。甲说“上中下”，第一次是“上”，所以应当在第一段；第二次是“中”，所以应当在第一段的第二列；第三次是“下”，应当在第一段第二列的下行，那不是“6”吗？

又如乙说“中下上”，第一次是“中”，应当在第二段；第二次是“下”，应当在第二段的第三列；第三次是“上”，应当在第二段第三列的上行，那不就是“16”吗？你再将

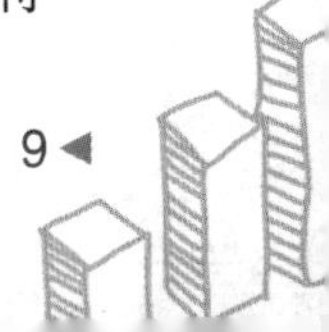

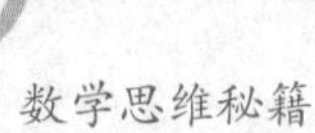

丙、丁……所说的去检查看。明白了这个法则的来源和结果，依样画葫芦，无论排几行都可以，肯定成功，而且找法也和三行的一样。

例如我们排成四行，那就要六十四个钱币，我只将图画在下面（图1-14至图1-16），供你参考。说明呢，就不再重复了。至于五行、六行、十行、二十行都可照推，你不妨自己画几个图试试看。

一	1	2	3	4	5	6	7	8	9	10	11	12	13	14	15	16
二	17	18	19	20	21	22	23	24	25	26	27	28	29	30	31	32
三	33	34	35	36	37	38	39	40	41	42	43	44	45	46	47	48
四	49	50	51	52	53	54	55	56	57	58	59	60	61	62	63	64

图 1-14

一	1	17	33	49	2	18	34	50	3	19	35	51	4	20	36	52
二	5	21	37	53	6	22	38	54	7	23	39	55	8	24	40	56
三	9	25	41	57	10	26	42	58	11	27	43	59	12	28	44	60
四	13	29	45	61	14	30	46	62	15	31	47	63	16	32	48	64

图 1-15

一	1	5	9	13	17	21	25	29	33	37	41	45	49	53	57	61
二	2	6	10	14	18	22	26	30	34	38	42	46	50	54	58	62
三	3	7	11	15	19	23	27	31	35	39	43	47	51	55	59	63
四	4	8	12	16	20	24	28	32	36	40	44	48	52	56	60	64
	一				二				三				四			
	一	二	三	四	一	二	三	四	一	二	三	四	一	二	三	四

图 1-16

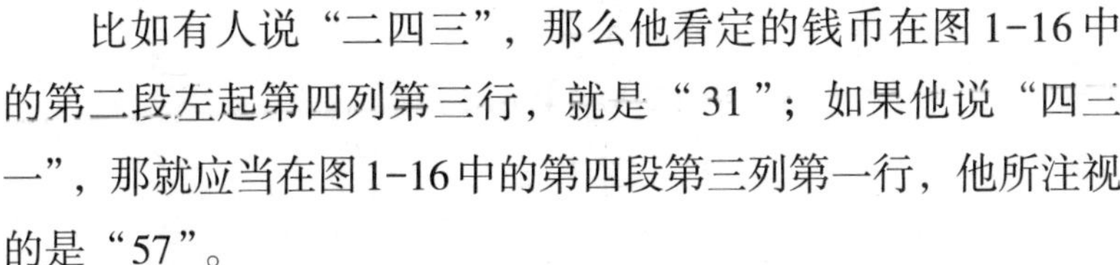

比如有人说“二四三”，那么他看定的钱币在图 1-16 中的第二段左起第四列第三行，就是“31”；如果他说“四三一”，那就应当在图 1-16 中的第四段第三列第一行，他所注视的是“57”。

上面讲的是行数增加，排的次数不变。现假定行数不变，排的次数变化，限定只排上下两行，看看有何变化。

第一步，假如只排一次，那么这很清楚，只能用两个钱币，三个就无法猜了。如果排两次呢，那就用四个钱币，它的变化如图 1-17 和图 1-18。

2 1 上

4 3 下

图 1-17

3	1	上
4	2	下
下	上	

图 1-18

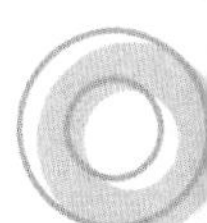

它的变化如图 1-19。

1——上 上

2——上 下

3——下 上

4——下 下

图 1-19

三次就是“八仙过海”，不用再说。假如排四次呢，那就用十六个钱币，排法和上面说过的一样，变化的图依次如图 1-20 至图 1-23。

8	7	6	5	4	3	2	1	上
16	15	14	13	12	11	10	9	下

图 1-20

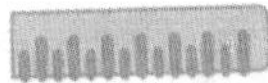

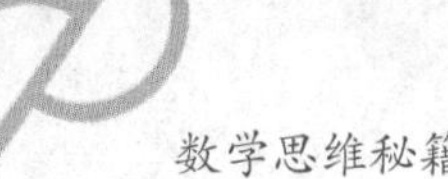

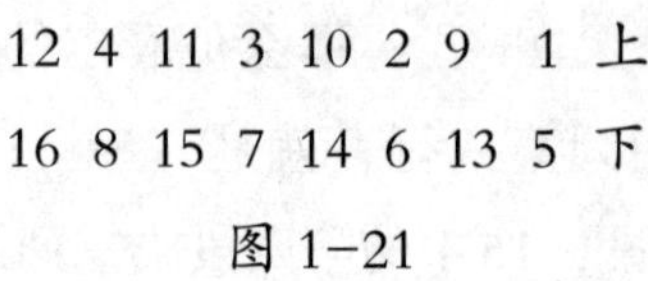

12	4	11	3	10	2	9	1	上
16	8	15	7	14	6	13	5	下

图 1–21

14	10	6	2	13	9	5	1	上
16	12	8	4	15	11	7	3	下

图 1–22

15	13	11	9	7	5	3	1	上
16	14	12	10	8	6	4	2	下
下				上				
下		上		下		上		
下	上	下	上	下	上	下	上	

图 1–23

例如，有人认定的钱币的四次的位置是“上下下上”，那么应当在图 1–23 中的右起第一段第二分段第二列的上行，是“7”；又如另有一个人说他认定的钱币的位置是“下下上上”，那就应当在图 1–23 中的右起第二段第二分段第一列的上一行，便是“13”。

照推下去，五次要用三十二个钱币，六次要用六十四个钱币……喜欢玩的朋友不妨当作消遣去试试看。

总结一下：前面说“八仙过海”的五个条件，由这些例子看起来，条件（1）是跟着条件（2）（3）变的。至于条件（4）（5），关于步骤的条件和前三个都没有什么直接关系。它们也可以变更。例如（4）我们也可以由下而上，或从末一列起，而（5）也可以由右而左从第一行起。不过这么一来，

所得的最后结果形式稍有不同。

从我们所举过的例子看，钱的数目是这样：

（1）分两行：

① 排一次——2个

② 排二次——4个

③ 排三次——8个

④ 排四次——16个

（2）分三行：

① 排一次——3个（我们可以想到的）

② 排二次——？个（请你先想想看）

③ 排三次——27个

④ 排四次——？个

（3）分四行：

① 排一次——4个（我们可以想到的）

② 排二次——？个

③ 排三次——64个

④ 排四次——？个

这次却真的到了头，我们要解决的问题是："分多少行，总共排若干次，究竟要多少钱币，而且只能要多少钱币？"

上面举出的钱币的数目，在那例中都是必要而且充足的，说得明白点儿，就是不能多也不能少。我们怎样回答上面的问题呢？假如你只要一个答案就满足，那么是这样的，设行数是a，排的次数是x，钱币数是y，这三个数的关系如下：

$y=a^x$。

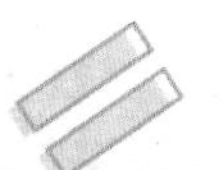

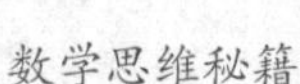
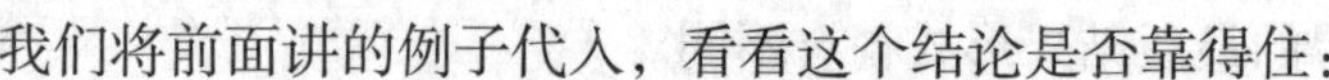

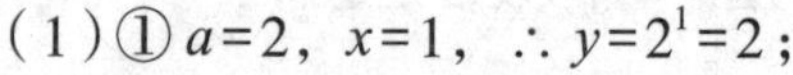

我们将前面讲的例子代入，看看这个结论是否靠得住：

（1）① $a=2$，$x=1$，$\therefore y=2^1=2$；

② $a=2$，$x=2$，$\therefore y=2^2=4$；

③ $a=2$，$x=3$，$\therefore y=2^3=8$；

④ $a=2$，$x=4$，$\therefore y=2^4=16$。

（2）① $a=3$，$x=1$，$\therefore y=3^1=3$；

② $a=3$，$x=2$，$\therefore y=3^2=9$；　（对吗？）

③ $a=3$，$x=3$，$\therefore y=3^3=27$；

④ $a=3$，$x=4$，$\therefore y=3^4=81$。（？）

（3）① $a=4$，$x=1$，$\therefore y=4^1=4$；

② $a=4$，$x=2$，$\therefore y=4^2=16$；　（？）

③ $a=4$，$x=3$，$\therefore y=4^3=64$；

④ $a=4$，$x=4$，$\therefore y=4^4=256$。（？）

按照这个结果来看，我们所用过的例子都合得上，那个回答大概是可靠的了。不过单是这样还不行，别人总得问我们理由。

真需要理由吗？将我们所用过的例子合在一起，动脑想一想，一定可以想得出来。不过，这实在大可不必，有别人的现成架子可以装得上去时，直接痛快地装上去多么爽气。那么，在数学中可以找到吗？

当然可以。那就是顺列法，下面我们就来说顺列法。什么叫顺列法呢，有几个不相同的东西，比如A、B、C、D……几个字母，将它们的次序颠来倒去地排，计算排法的种数，这种方法就叫顺列法。

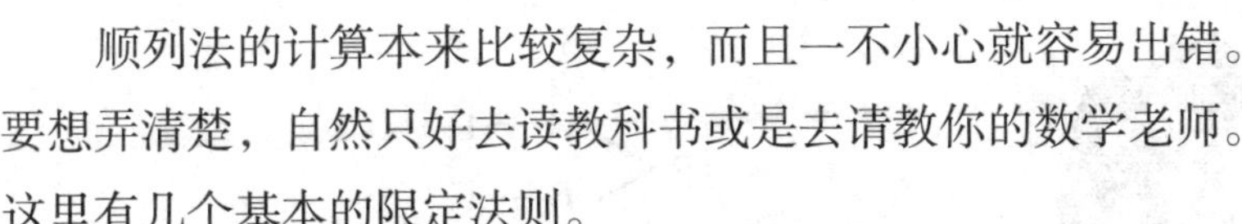

顺列法的计算本来比较复杂，而且一不小心就容易出错。要想弄清楚，自然只好去读教科书或是去请教你的数学老师。这里有几个基本的限定法则。

第一，我们来讲全体的、不重复的顺列。比如有A、B、C、D四个字母，我们一齐将它们拿出来排，这叫全体的顺列。所谓不重复，就是每个字母在一种排法中只用一回，就好像甲、乙、丙、丁四个人排座位一样，甲既然坐了第一位，其余的三位当然就不能再坐甲的座位了。

要计算A、B、C、D这种排列法，我们先假定有四个位置在一条直线上，比如是桌上画的四个位置，A、B、C、D是写在四个钱币上的字母。

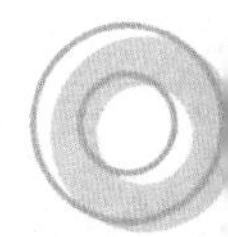

第一步，我们来排第一个位置，因为A、B、C、D四个钱币全都没有排上去，所以我们排哪一种都行。这就可以知道，第一个位置有4种排法。我们取一个钱币放到了1，那就只剩三个位置和三个钱币了，跟着来排第二个位置。

剩下的钱币还有三个，第二个位置无论用这三个当中的哪一个去排都可以。这就可以知道，第二个位置有3种排法。排完第二个位置后，桌子上只剩两个位置，也只剩两个钱币了。

第三个位置因为只剩下两个钱币，所以排的方法也只有2种。

当第三个位置也被一个钱币占领时，桌上只有一个空位，外面只有一个钱币，所以第四个位置的排法便只有1种。

为了一目了然，我们还是来画一个图，如图1-24。

1 2 3 4
A B C—D
D—C
C B—D
D—B
D B—C
C—B
B A C—D
D—C
C A—D
D—A
D A—C
C—A
C A B—D
D—B
B A—D
D—A
D A—B
B—A
D A B—C
C—B
B A—C
C—A
C A—B
B—A

图 1-24

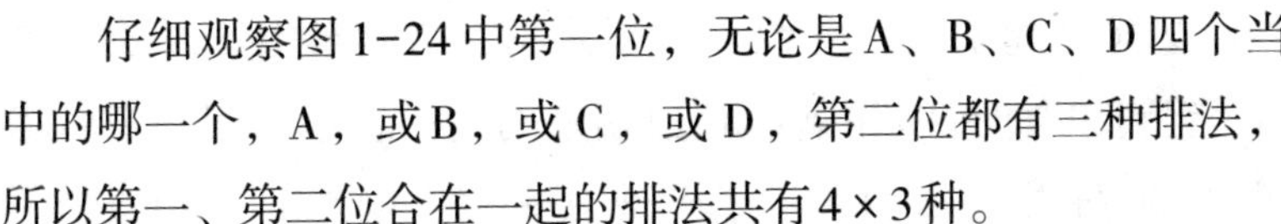

仔细观察图1-24中第一位，无论是A、B、C、D四个当中的哪一个，A，或B，或C，或D，第二位都有三种排法，所以第一、第二位合在一起的排法共有4×3种。

而第二位无论是A、B、C、D中的哪一个，第三位都有两种排法，所以一、二、三，三个位置连在一起算，总共的排法有4×3×2种。

至于第四位，随着第三位位置的确定，只剩下一个位置，因此这四个位置的排法总数是4×3×2×1=24种。

由图1-24可知，排法总数恰好也是24种。

假如桌上有五个位置，外面有五个钱币呢？与前面所述类似，那么第一个位置有5种排法，第一位排定以后，还剩四个位置和四个钱币，它们的排法便和前面说过的一样了，所以五个位置的钱币的排法种数是

5×4×3×2×1=120。

前面是从1起连续的整数相乘一直乘到4，这里是从1起乘到5。假如有六个位置和六个钱币，同样我们很容易知道是从1起将连续的整数相乘，乘到6为止，就是

6×5×4×3×2×1=720。

比如有八个人坐在一张八仙桌上吃饭，那么他们的坐法便有8×7×6×5×4×3×2×1=40320种。

你家请客常常碰到客人推让座位吗？真叫他们推来推去，这40320种排法，从天亮到天黑也推让不完吧。

一般的法则，假设位置是n个，钱币也是n个，它们的排法种数便是

$n\times(n-1)\times(n-2)\times\cdots\times5\times4\times3\times2\times1$。

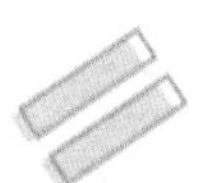

这样写起来太不方便了，不是吗？在数学上，对于这种从1起到n为止的n个连续整数相乘的情形，给它起一个名字叫“n的阶乘”，又用一个符号来代表它，就是$n!$，用式子写出来便是

n 的阶乘$=n!=n\times(n-1)\times(n-2)\times\cdots\times5\times4\times3\times2\times1$。

所以 8 的阶乘$=8!=8\times7\times6\times5\times4\times3\times2\times1=40320$；

6 的阶乘$=6!=6\times5\times4\times3\times2\times1=720$；

5 的阶乘$=5!=5\times4\times3\times2\times1=120$；

4 的阶乘$=4!=4\times3\times2\times1=24$；

3 的阶乘$=3!=3\times2\times1=6$；

2 的阶乘$=2!=2\times1=2$；

1 的阶乘$=1!=1$。

有了这个新的名词和新的符号，说起来就方便多了！

n个东西全体不重复的排列数就等于$n!$。

但是，在我们平常排列东西的时候，往往遇见位置少而东西多的情形。举个老式衙门的例子，比如你有一位朋友，当上了县长。这时你跑去向他贺喜，却发现他正愁眉不展。

县长告诉你，一个县里不过三个科长、六个科员、两个书记，推荐人来的便签倒有三四十张，这实在难于安排。

比如你那朋友接到的便签当中只有十张是要当科长的，科长的位置一共有三个，有多少种安排方法呢？这就归类到第二种的顺列法。

第二，我们来讲部分的、不重复的顺列法。因为粥少僧

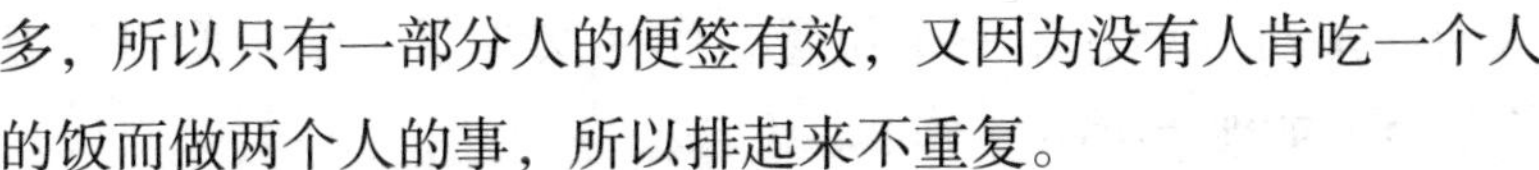

多，所以只有一部分人的便签有效，又因为没有人肯吃一个人的饭而做两个人的事，所以排起来不重复。

从十张便签中抽出三张来，分担第一、第二、第三科的科长，这有多少种安排方法呢？

如果你理解了第一种方法，这个问题是很容易解决的。第一科长没有确定人选时，十张便签都有同样的希望，所以这个位置的安排方法是10。

第一科长已经确定，只剩九个人来抢第二科的科长，所以第二个位置的安排方法是9，同理，第三个位置的安排方法是8。按照第一种方法可知，这三个位置的安排方法总数应当是

$10\times9\times8=720$。

如果是你的朋友接到的便签中间，想当科长的是十一个或九个，那么其安排方法总数就应当是

$11\times10\times9=990$或$9\times8\times7=504$。

如果是他的衙门里还有一个额外科长，总共有四个位置，那么他的安排方法总数应当是

$10\times9\times8\times7=5040$

或$11\times10\times9\times8=7920$

或$9\times8\times7\times6=3024$。

我们仍然用n代表物品的数目，不过位置的数目和物品不同，所以得另用一个字母来代表，比如用m，我们的题目变成了这样："在n个物品里面取出m个来的排法。"

按照前面的推论法，m个位置，n个物品，第一个位置的排法是n种；第二个位置的排法，物品已少了一个，所以

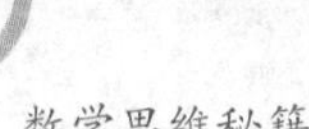

只有（$n-1$）种；第三个位置，物品又少了一个，所以只有（$n-2$）种排法……

照推下去，直到第 m 个位置，它的前面有（$m-1$）个位置，而每一个位置都有一个物品，所以共用去（$m-1$）个物品，就总物品数说，这时已少了（$m-1$）个，只剩$[n-(m-1)]$个了，所以这个位置的排法是$[n-(m-1)]$种。

这样来，总共的排法便是

$$n\times(n-1)\times(n-2)\times(n-3)\times\cdots\times[n-(m-1)]。$$

比如n是11，m是4，代入即得

$$11\times(11-1)\times(11-2)\times(11-3)=11\times10\times9\times8=7920。$$

实际上，只要从n写起，逐一减少1往下总共连着写m个数相乘就行了。

这种排法也有一个符号，就是A_n^m。A右下角的n表示总共的个数，A右上角的m表示取出来排的个数，如在26个字母当中取出5个来排，它的排法总数就是A_{26}^5。

将上面的计算用这符号连起来，就得出了下面的关系：

$$A_n^m=n\times(n-1)\times(n-2)\times\cdots\times[n-(m-1)]。\quad(1)$$

这里有一件很有趣味的事儿，比如我们将前面说过的第一种排法也用这里的符号来表示，那就成为A_n^n，所以

$$A_n^n=n!。\quad(2)$$

在 n 个物品当中去掉 m 个，剩下还有（$n-m$）个，这

（$n-m$）个如果自己调来调去地排，它的排法总数就是

$$A_{n-m}^{n-m}=(n-m)!。\qquad (3)$$

那么，用（$n-m$）! 去除 $n!$ 得什么？下面我就将它们写出来：

$$\frac{n!}{(n-m)!}=\frac{n\times(n-1)\times(n-2)\times\cdots\times[(n-m+1)]\times(n-m)\times\cdots\times3\times2\times1}{(n-m)\times\cdots\times3\times2\times1}$$

从这个式子看，分子和分母将公因式消去后，恰好得

$$\frac{n!}{(n-m)!}=n(n-1)(n-2)\cdots[n-(m+1)]。$$

这式子的右边和（1）式的完全一样，所以

$$A_n^m=n(n-1)(n-2)\cdots[n-(m+1)]=\frac{n!}{(n-m)!}=\frac{A_n^n}{A_{n-m}^{n-m}}。$$

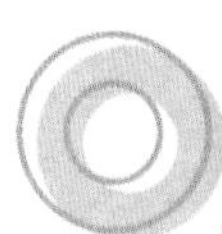

这个式子很有意思，我们可以这样想：从 n 个物品当中取出 m 个来排，和将 n 个全排好，从第（$m+1$）个起截断一样，因为 A_n^n 是 n 的全排列，A_{n-m}^{n-m} 是 m 个以后所余物品的全排列。

举个例来说，从 5 个字母中取出 3 个来的排的方法数是 A_5^3，而 $5-3=2$，所以

$$A_5^3=\frac{A_5^5}{A_2^2}=\frac{5!}{2!}=5\times4\times3=60。$$

关于这两种顺列法的计算，基本原理就是这样。但是应用起来却不容易，因为许多题目往往包含着一些特殊条件，它们所能排成功的数目就会减少。

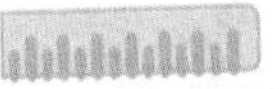

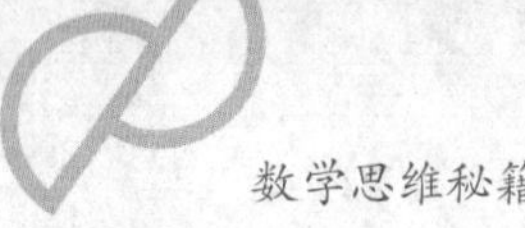

比如八个人坐的是圆桌，大家预先又没有说明什么叫首座，这比他们坐八仙桌的变化就少得多。又比如在八个人当中有两个是夫妻，非挨着坐不可，或是有两个人由于某些原因不能坐在一起，或是有一个人是左手拿筷子的，如果坐在别人的右边，容易和邻座手臂碰撞。

这些条件是很多的，只要有一个存在，排列的种数就会减少。如果你要想详细理解好其中内含，最好是去读相关教科书或去请教数学老师，这里就不细谈了。

说了半天，这些和“八仙过海”有什么关系呢？还请大家忍耐一下，单是这样，还不能好好地将“八仙过海”这一类的题目往上摆。我们还要说一种别的排列法。

前面的两种都是不重复的，而“八仙过海”每一个钱币的三次位置不是上就是下，所以总得重复。但这种排列法和前面所说过的两种大同小异，我们把它归类到第一种。

第三种是n种物品m次可重复的顺列。就用“八仙过海”来作例，排来排去，不是上便是下，所以就算有两种物品，我们不妨用a、b来代表它们。

首先说两次的排法，就和图1-25一样。第一个位置因为我们只有a、b两种不同的物品，所以只有2种排法。

1　　2

$a<\begin{matrix}a\\b\end{matrix}$

$b<\begin{matrix}a\\b\end{matrix}$

图 1-25

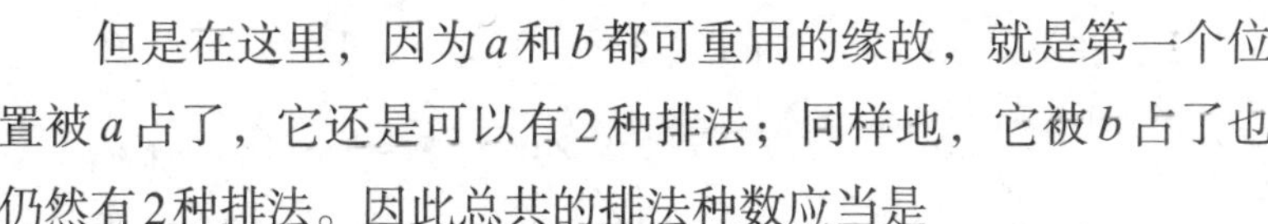

但是在这里，因为a和b都可重用的缘故，就是第一个位置被a占了，它还是可以有2种排法；同样地，它被b占了也仍然有2种排法。因此总共的排法种数应当是

$2\times2=2^2=4$。

比如像“八仙过海”一样，排的是3次，照这里的话说，就是有三个位子可排，那么就如图1-26那样，全体的排法种数是

$2\times2\times2=2^3=8$。

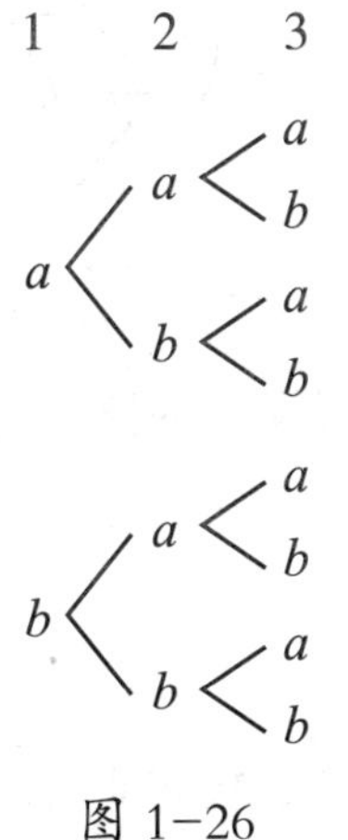

图 1-26

这不就说明了“八仙过海”，分上下两行，总共排三次，位置不同的变化是8吗？

我们前面曾经说过分三行只排三次的例子，用a、b、c分别代表上、中、下，说明是一样的，暂且省略。就图1-27看，可以知道排列的总方法数是

$3\times3\times3=3^3=27$。

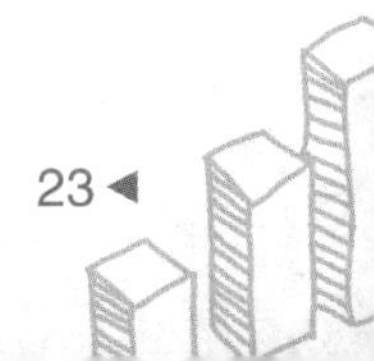

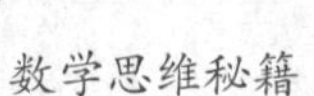

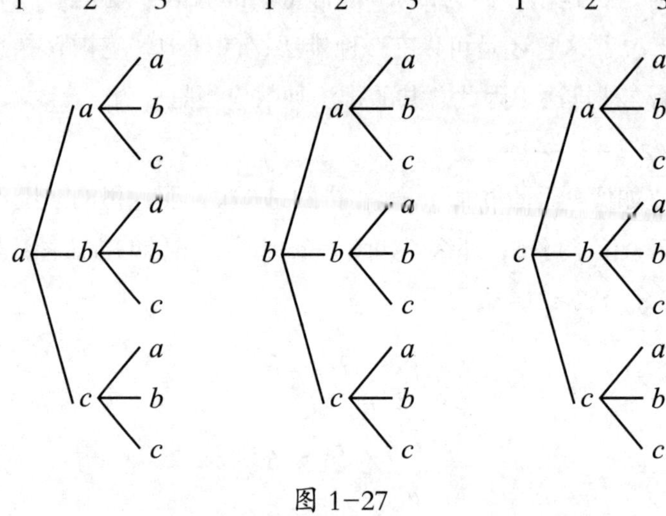

图 1-27

这个种数和我们前面所用的钱币数恰好一样。

照同样的例子，分一、二、三、四，四行只排三次的种数是

$4\times4\times4=4^3=64$。

前面还说过行数不变、次数变的例子。两行只排三次，已说过了。两行排四次呢，那就如图 1-28，总共能排的种数应当是

$2\times2\times2\times2=2^4=16$。

如果排的是三行，总共排四次，同样的道理，它的总数是

$3\times3\times3\times3=3^4=81$。

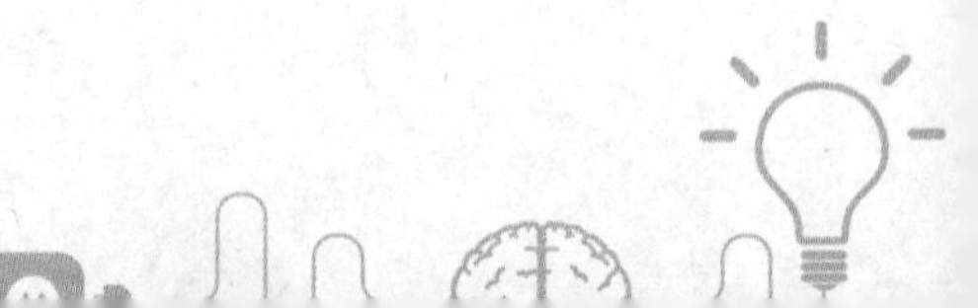

图 1-28

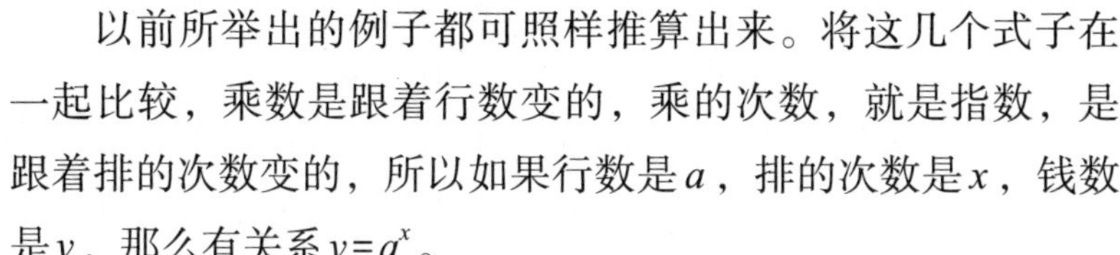

以前所举出的例子都可照样推算出来。将这几个式子在一起比较，乘数是跟着行数变的，乘的次数，就是指数，是跟着排的次数变的，所以如果行数是a，排的次数是x，钱数是y，那么有关系$y=a^x$。

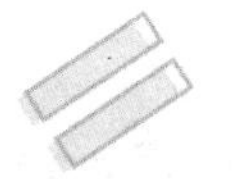

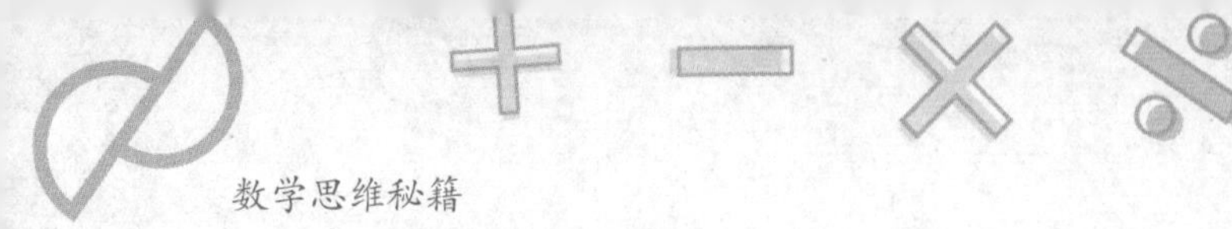

用一般的话来说，就是这样：

> *n*种物品，*m*次数可重复的顺列，便是*n*的*m*次幂，即n^m。

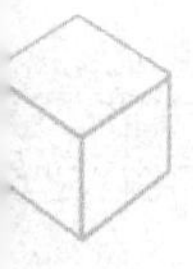

所谓“八仙过海”，现在可算明白了，不过是顺列法中的一种游戏，有什么奇妙的呢？你只要记好*y*等于*a*的*x*次方这个式子，你想分几行、排几次，心里一算就知道了。

基本公式与例解

1. 基本概念与公式

（1）基本概念

八仙过海的闷葫芦，将八个钱币分上下两行排在桌上，让某人看准一个，记在心里，然后将钱币收起，重新按上下两行排好，再让某人认出前一轮认准的钱币在哪个位置，如此往复。你会发现，每一次重新排列钱币都不在同一个位置。这就是按顺序排列的问题。

排列，就是指从给定个数的元素中取出指定个数的元素进行排序。

排列还有另一种定义方式，就是从n个不同元素中，任取m（$m \leqslant n$，m与n均为自然数）个元素按照一定的顺序排成一列。用符号A_n^m表示。

（2）基本公式

$A_n^m = n(n-1)(n-2)\cdots(n-m+1)$。

例：用1、2、3、4、5、6六个数字，一共可以组成多少个没有重复数字且个位是5的三位数？

分析：排列题。个位数字已知，问题变成从5个元素中取2个元素的排列问题。根据排列数公式，一共可以组成A_5^2个三位数。

解：$A_5^2 = 5 \times 4 = 20$（个）。

答：一共可以组成20个没有重复数字且个位是5的三位数。

2. **解题原则与方法**

（1）解题原则

先选后排，先分后排。

（2）原理与方法

①乘法原理：做一件事，需要分n个步骤，步与步之间是连续的，只有将这件事分成的若干个互相联系的步骤，依次相继完成，这件事才算完成。

公式：$N=n_1 \cdot n_2 \cdot n_3 \cdot \cdots \cdot n_m$（分步）。

例1：由2、5、0、7四个数字可以组成多少个不同的四位数?

分析：乘法原理。千位上有3种选法，百位上有3种选法，十位上有2种选法，个位上有1种选法，所以可以组成$3\times3\times2\times1=18$（个）不同的四位数。

解：$3\times3\times2\times1=18$（个）。

答：由2、5、0、7四个数字可以组成18个不同的四位数。

②加法原理：做一件事，完成它若有n类办法，是分类问题，每一类中的方法都是独立的，就用加法原理。

公式：$N=n_1+n_2+n_3+\cdots+n_m$（分类）。

例2：用1、2、3、4、5这五个数字可以组成多少个比20000大且百位数字不是3的无重复数字的五位数?

分析：可以分两类来看。第一类是把3排在最高位上，其余4个数可以任意放到其余4个数位上，是4个元素的全排

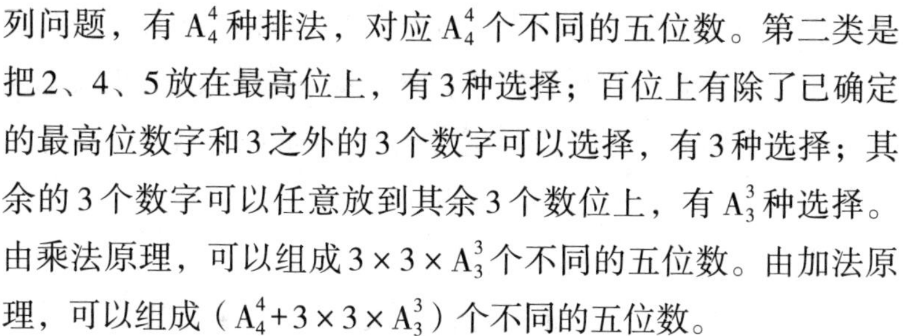

列问题，有 A_4^4 种排法，对应 A_4^4 个不同的五位数。第二类是把2、4、5放在最高位上，有3种选择；百位上有除了已确定的最高位数字和3之外的3个数字可以选择，有3种选择；其余的3个数字可以任意放到其余3个数位上，有 A_3^3 种选择。由乘法原理，可以组成 $3\times3\times A_3^3$ 个不同的五位数。由加法原理，可以组成（$A_4^4+3\times3\times A_3^3$）个不同的五位数。

解：第一类是把3排在最高位上，有

$A_4^4=4\times3\times2\times1=24$（个）。

第二类是把2、4、5放在最高位上，有3种选择；百位上有除了已确定的最高位上的数字和3之外的3个数字可以选择，有3种选择；其余的3个数字可以任意放到其余3个数位上，有

$A_3^3=3\times2\times1=6$（个），

此时可组成：$3\times3\times6=54$（个）。

一共可组成不同的五位数：$24+54=78$（个）。

答：可以组成78个不同的五位数。

③优先法：以元素为主，应先满足特殊元素的要求，再考虑其他元素。以位置为主考虑，即先满足特殊位置的要求，再考虑其他位置。

例3：6人站成一横排，其中既甲不站左端也不站右端，一共有多少种不同的站法？

分析：方法一（元素分析法），因为甲不能站左右两端，所以第一步先让甲排在左右两端之间的任一位置上，有4种站法；第二步再让其余的5人站在其他5个位置上，有 A_5^5 种站法，所以总共有 $4\times A_5^5$ 种站法。方法二（位置分析法），因

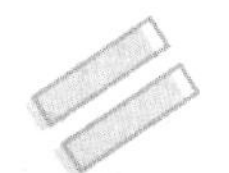

为左右两端不站甲，所以第一步先从甲以外的5个人中任选两人站在左右两端，有A_5^2种站法；第二步再让剩余的4个人（含甲）站在中间4个位置，有A_4^4种站法，所以一共有$A_5^2 \times A_4^4$种站法。

解：（方法一　元素分析法）

甲排在左右两端之间的任一位置上，有4种站法；其余的5人站在其他5个位置上，有站法

$A_5^5=5\times4\times3\times2\times1=120$（种）。

一共有不同的站法：$120\times4=480$（种）。

（方法二　位置分析法）

从甲以外的5个人中任选两人站在左右两端，有站法

$A_5^2=5\times4=20$（种）；

剩余的4个人（含甲）站在中间4个位置，有站法

$A_4^4=4\times3\times2\times1=24$（种）。

一共有不同的站法：$20\times24=480$（种）。

答：一共有480种不同的站法。

④捆绑法（集团元素法，把某些必须在一起的元素视为一个整体考虑）

例4：25个男生3个女生排成一排，3个女生要排在一起，有多少种不同的排法？

分析：排列组合问题，运用捆绑法。首先把3个女生视为一个元素，与5个男生进行排列，有A_6^6种排法；然后女生内部进行排列，有A_3^3种排法。所以一共有$A_6^6 \times A_3^3$种排法。

解：把3个女生视为一个元素，与5个男生进行排列，有

$A_6^6=6\times5\times4\times3\times2\times1=720$（种）；

女生内部进行排列，有$A_3^3=3\times2\times1=6$（种）。

一共有不同的排法：$720\times6=4320$（种）。

答：有4320种不同的排法。

⑤插空法（解决相间问题）

例5：某班新年联欢会原定的5个节目已排成节目单，开演前又增加了两个新节目。如果将这两个节目插入原节目单中，那么有多少种不同的插入法？

分析：方法一，分两种情况，第一种情况，增加的两个新节目相连；第二种情况，增加的两个新节目不相连。方法二，7个节目的全排列为A_7^7，两个新节目插入原节目单中后，原节目的顺序不变，所以不同的插法有$A_7^7\div A_5^5$种。

解：（方法一）分两种情况，第一种情况，增加的两个新节目相连；第二种情况，增加的两个新节目不相连。不同插法的种数为

$A_6^1\times A_2^2+A_6^2=6\times2\times1+6\times5=42$（种）。

（方法二）7个节目的全排列为A_7^7，两个新节目插入原节目单中，那么不同插法的种数为

$A_7^7\div A_5^5=7\times6\times5\times4\times3\times2\times1\div(5\times4\times3\times2\times1)=42$（种）。

答：有42种不同的插入法。

⑥定序（顺序一定）问题用除法（对于在排列中，当某些元素次序一定时，可用此法）

例6：信号兵把红旗与白旗从上到下挂在旗杆上表示信号。现有3面红旗和2面白旗，把5面旗都挂上去，可表示几种不同的信号？

分析：排列问题，定序（顺序一定）问题用除法。5面旗

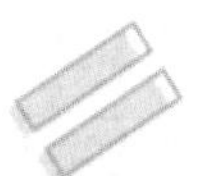

全排列有A_5^5种信号；因为3面红旗与2面白旗的分别全排列均只能作一次的挂法，所以就有$A_5^5 \div (A_3^3 \times A_2^2)$种不同的信号。

解：5面旗全排列，有$A_5^5=5\times4\times3\times2\times1=120$（种）。

3面红旗与2面白旗的分别全排列，有

$A_3^3 \times A_2^2=3\times2\times1\times2\times1=12$（种）。

所以$120\div12=10$（种）。

答：可表示10种不同的信号。

⑦多排问题用直排法。

对于把几个元素分成若干排的排列问题，若没有其他特殊要求，可采取统一成一排的方法求解。

例7：9个人坐成三排，第一排2人、第二排3人、第三排4人。不同的坐法共有多少种？

分析：排列组合问题，多排问题用直排法。9个人可以在三排中随意就座，可以看作一排来处理，共有A_9^9种坐法。

解：9个人可以在三排中随意就座，不同的坐法共有

$A_9^9=9\times8\times7\times6\times5\times4\times3\times2\times1=362880$（种）。

答：不同的坐法共有362 880种。

应用习题与解析

1. 基础练习题

（1）乒乓球队的10名队员中有3名主力队员，派5名参加比赛，3名主力队员要安排在第一、三、五位置，其余7名队员

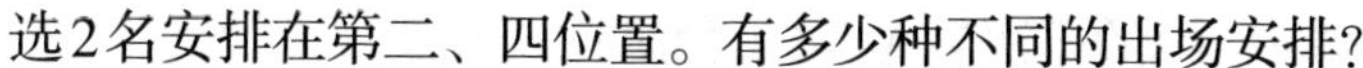

选2名安排在第二、四位置。有多少种不同的出场安排？

考点：排列问题，采用元素优先法。

分析：3名主力的位置确定在一、三、五位中选择，将他们优先安排，有A_3^3种安排；然后从其余7名队员选2名安排在第二、四位置，有A_7^2种安排。所以一共有$A_3^3 \times A_7^2$种出场安排。

解：3名主力的位置确定在一、三、五位中选择，有

$A_3^3=3\times2\times1=6$（种）；

其余7名队员选2名安排在第二、四位置，有

$A_7^2=7\times6=42$（种）。

一共有$6\times42=252$（种）。

所以一共有252种不同的出场安排。

（2）已知甲、乙、丙、丁、戊5名同学进行手工制作比赛，决出了第一至第五的名次。甲、乙两名参赛者去询问成绩，回答者对甲说："很遗憾，你和乙都没有拿到冠军。"对乙说："你当然不会是最差的。"从这个回答分析，5人的名次排列共有多少种不同的情况？

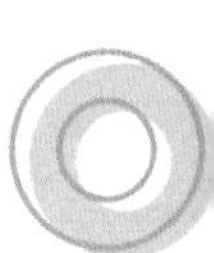

考点：排列问题。

分析：已知"甲和乙都没有拿到冠军，而且乙不是最差的"，就相当于5人排成一排，甲、乙都不站排头且乙不站排尾的排法数。因为乙的限制最多，所以先排乙，有3种排法；再排甲，也有3种排法；剩下的人随意排，有A_3^3种排法。由乘法原理，一共有$3\times3\times A_3^3$种排法。

解：乙既不是冠军也不是最差的，所以

乙的排法有$A_3^1=3$（种）；

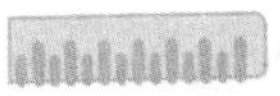

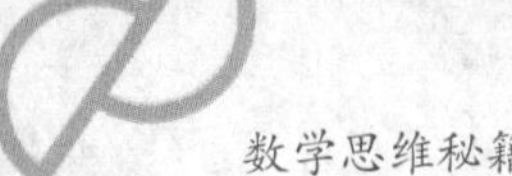

再排甲，甲的排法有$A_3^1=3$（种）；

剩下3人没有限制，排法有

$A_3^3=3\times2\times1=6$（种）。

所以排法一共有$3\times3\times6=54$（种）。

所以5人的名次排列共有54种不同的情况。

（3）某信号兵用红、黄、蓝3面旗从上到下挂在竖直的旗杆上表示信号，每次可以任意挂1面、2面或3面，并且不同的顺序表示不同的信号，一共可以表示多少种信号？

考点：排列问题，采用加法原理。

分析：因为每次可以任挂1面、2面或3面，并且不同的顺序表示不同的信号，所以可以分为三类。第一类，只挂一面旗；第二类，挂两面旗；第三类，挂三面旗。每一类都可以得到相应的信号。

解：表示信号的方法可以分为三类。

①挂一面旗，有$A_3^1=3$（种）。

②挂两面旗，分两步，挂第一面旗有$A_3^1=3$（种），

挂第二面旗有$A_2^1=2$（种）。

一共有挂法：

$A_3^1\times A_2^1=3\times2=6$（种）。

③挂三面旗，分三步，挂第一面旗有$A_3^1=3$（种），

挂第二面旗有$A_2^1=2$（种），

挂第三面旗有$A_1^1=1$（种）。

一共有挂法：

$A_3^1\times A_2^1\times A_1^1=3\times2\times1=6$（种）。

所以一共可以表示不同的信号：

3+6+6=15（种）。

2. 巩固提高题

（1）甲、乙等7个同学照相，求出在下列条件下分别有多少种不同的站法。

①7个人排成一排，甲、乙必须有一人站在中间。

②7个人站成两排，前排3人，后排4人，甲、乙不能在一排。

考点：排列综合问题。

分析：①当甲站中间，有A_6^6种站法；甲、乙交换位置，有$2\times A_6^6$种。②甲、乙不能在一排，先排其余5人，其中三人站后排，共有A_5^3种站法；从甲、乙中选出一人站在他们之间，共有$C_2^1\times C_4^1\times A_5^3$种站法；前排其余3人任意站，共$A_3^3$种站法，用乘法原理即可。

解：①假设甲在中间，其余6人随便站，共有站法：

$A_6^6=6\times5\times4\times3\times2\times1=720$（种）；

再假设乙在中间，也有720种站法。

一共有站法：

720+720=1440（种）。

所以某两人必须有一人站在中间的站法有1440种。

②先排其余5人，其中三人站后排，共有站法：

$A_5^3=5\times4\times3=60$（种）；

从两人中选出一人站在他们之间，共有站法：

$2\times4\times60=480$（种）；

前排其余3人任意站，共A_3^3种站法，

$480\times A_3^3=480\times3\times2\times1=2880$（种）。

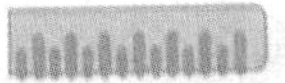

所以前排3人，后排4人，甲、乙不能在一排的站法有2880种。

（2）6人站成一排，求：

①甲、乙既不在排头也不在排尾的排法数；

②甲不在排头，乙不在排尾，且甲、乙不相邻的排法数。

考点：排列问题的综合，分步计算，采用乘法原理。

分析：①按照先排出排头和排尾，再排中间四位，分步计数。第一步：排出排头和排尾，因为甲、乙不在排头和排尾，那么排头和排尾是在其他四位选出两位进行排列，一共有A_4^2种；第二步：由于六个元素中已经有两位排在排头和排尾，因此中间四位是把剩下的四位进行排列，共A_4^4种。根据乘法原理得甲、乙既不在排头也不在排尾的排法数共$A_4^2 \times A_4^4$种。②第一类，甲在排尾，乙在排头，有A_4^4种方法；第二类，甲在排尾，乙不在排头，有$3 \times A_4^4$种方法；第三类，乙在排头，甲不在排尾，有$3 \times A_4^4$种方法；第四类，甲不在排尾也不在排头，乙不在排头也不在排尾，有$6 \times A_4^4$种方法（排除相邻）。共（$A_4^4+3 \times A_4^4+3 \times A_4^4+6 \times A_4^4$）种。

解：①第一步，因为甲、乙不在排头和排尾，先从四位中选出两位进行排列，一共有

$A_4^2=4 \times 3=12$（种）；

第二步，由于六个元素中已经有两位排在排头和排尾，因此中间四位是把剩下的四位进行全排列，一共有

$A_4^4=4 \times 3 \times 2 \times 1=24$（种）。

所以甲、乙既不在排头也不在排尾的排法数有

$12 \times 24=288$（种）。

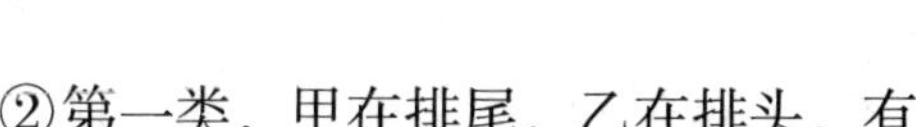

②第一类，甲在排尾，乙在排头，有

$A_4^4=4\times3\times2\times1=24$（种）；

第二类，甲在排尾，乙不在排头，有

$3\times A_4^4=3\times4\times3\times2\times1=72$（种）；

第三类，乙在排头，甲不在排尾，有

$3\times A_4^4=3\times4\times3\times2\times1=72$（种）；

第四类，甲不在排尾也不在排头，乙不在排头也不在排尾，有

$6\times A_4^4=6\times4\times3\times2\times1=144$（种）。

所以甲不在排头，乙不在排尾，且甲、乙不相邻的排法数有

$24+72+72+144=312$（种）。

奥数习题与解析

1. 基础训练题

（1）两对三胞胎喜相逢，他们围坐在桌子旁，要求每个人都不与自己的同胞兄妹相邻（同一位置上坐不同的人算不同的坐法），那么共有多少种不同的坐法？

分析：第一个位置在6个人中选一个，有A_6^1种选法；第二个位置在另一三胞胎中任选一个，有A_3^1种选法。同理，第三、四、五、六个位置依次有A_2^1、A_2^1、A_1^1、A_1^1种选法。由乘法原理，不同的坐法有$A_6^1\times A_3^1\times A_2^1\times A_2^1\times A_1^1\times A_1^1$种。

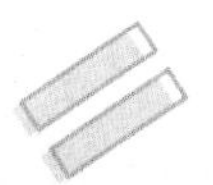

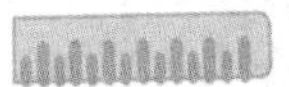

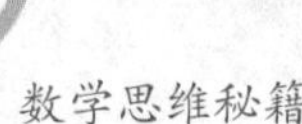

解：根据题意，第一个位置在6个人中选一个，有A_6^1种选法；第二个位置有A_3^1种选法；同理，第三、四、五、六个位置依次有A_2^1、A_2^1、A_1^1、A_1^1种选法。所以不同坐法一共有

$A_6^1 \times A_3^1 \times A_2^1 \times A_2^1 \times A_1^1 \times A_1^1 = 6\times3\times2\times2\times1\times1 = 72$（种）。

答：一共有72种不同的坐法。

（2）5男4女排成一排，要求男生必须按从高到矮的顺序，共有多少种不同的排法？

分析：排列问题。先将9人全排列，共有A_9^9种排列方法，假如男生从左往右由高到矮排列，只有一种方法，重复了A_5^5次，所以只有$A_9^9 \div A_5^5$种排列方法；从左往右由矮到高，也有$A_9^9 \div A_5^5$种排列方法。共有$2\times(A_9^9 \div A_5^5)$种排列方法。

解：将9人全排列，共有A_9^9种排法；男生从左往右由高到矮排列只有一种方法，上述算法重复A_5^5次，所以共有排法：

$A_9^9 \div A_5^5 = (9\times8\times7\times6\times5\times4\times3\times2\times1)\div(5\times4\times3\times2\times1)$

$=3024$（种）。

考虑到顺序，有从左到右和从右到左2种，所以共有排法：

$3024+3024=6048$（种）。

答：男生必须按从高到矮顺序，共有6048种不同排法。

2. 拓展训练题

（1）一种电子表在6时24分30秒时显示6：24：30，那么从8时到9时这段时间里，此表的5个数字都不相同的时候一共有多少个？

分析：假设A、B、C、D、E是满足题意的时刻且A为8，B、D应从0、1、2、3、4、5六个数字中选择两个不同的数字，有A_6^2种选法；C、E从剩下的七个数字中选择两个不同的

数字，有A_7^2种选法。所以一共有$A_6^2 \times A_7^2$种选法。

解：假设此表的5个数字从左至右依次为A、B、C、D、E，且A为8，B、D的排法有$A_6^2=6\times5=30$（种）；

C、E的排法有$A_7^2=7\times6=42$（种）。

所以一共有$30\times42=1260$（个）。

答：从8时到9时这段时间里，此表的5个数字都不相同的时候一共有1260个。

（2）一个六位数能被11整除，它的各位数字都不是0且互不相同。将这个六位数的6个数字重新排列，最少还能排出多少个能被11整除的六位数？

分析：排列问题。设这个六位数是a b c d e f，那么就有a+c+e与b+d+f的差为0或是11的倍数。根据题意，先考虑a、c、e偶数位内，b、d、f奇数位内的组内交换，有$A_3^3\times A_3^3$个顺序；再考虑b、a、d、c、f、e这种奇数位与偶数位的组间调换，也有$A_3^3\times A_3^3$种顺序。一共可以排出（$A_3^3\times A_3^3+A_3^3\times A_3^3$）个能被11整除的六位数，这里面包含了原来的一个六位数，所以最少还能排出（$A_3^3\times A_3^3+A_3^3\times A_3^3-1$）个能被11整除的六位数。

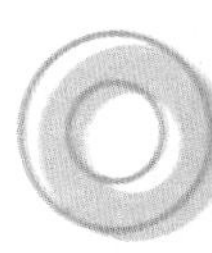

解：设这个六位数是a b c d e f。根据题意，

a、c、e偶数位内，b、d、f奇数位内的组内交换，有

$A_3^3\times A_3^3=3\times2\times1\times3\times2\times1=36$（个）；

b、a、d、c、f、e这种奇数位与偶数位的组间调换，有

$A_3^3\times A_3^3=3\times2\times1\times3\times2\times1=36$（个）。

所以均不为0的a、b、c、d、e、f最少可以排出

36+36=72（个）。

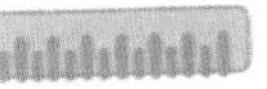

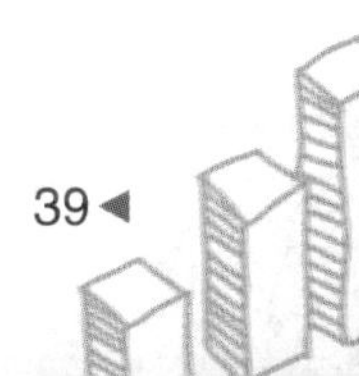

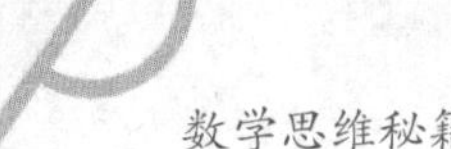

所以最少还能排出能被11整除的六位数

72－1=71（个）。

答：最少还能排出71个能被11整除的六位数。

（3）一共有红、橙、黄、绿、蓝、靛、紫七种颜色的灯各一盏，按照下列各条件把灯串成一串，分别有多少种不同的串法？

①把7盏灯都串起来，其中紫灯不排在第一位，也不排在第七位；

② 串起其中 4 盏灯，紫灯不排在第一位，也不排在第四位。

分析：①可以先考虑紫灯的位置，排除第一位和第七位，还有A_5^1=5（种）排法；然后把剩下的6盏灯随意排，是一个全排列问题，有$A_6^6=6\times5\times4\times3\times2\times1=720$（种）排法。由乘法原理，一共有$5\times720=3600$（种）排法。②先安排第一盏和第四盏灯。第一盏灯不是紫灯，有6种选择；第四盏灯有5种选择；剩下的5盏灯中随意选出2盏排列，有$A_5^2=5\times4=20$（种）选择。由乘法原理，共有$6\times5\times20=600$（种）排法。

解：①可以先考虑紫灯的位置，有A_5^1=5（种）；

剩下的6盏灯随意排，有

$A_6^6=6\times5\times4\times3\times2\times1=720$（种）。

一共有$5\times720=3600$（种）。

答：紫灯不排在第一位，也不排在第七位的排法有3600种。

②第一盏灯不是紫灯，有A_6^1=6（种）；

第四盏灯有 5 种选择；剩下的 5 盏灯中随意选出 2 盏排

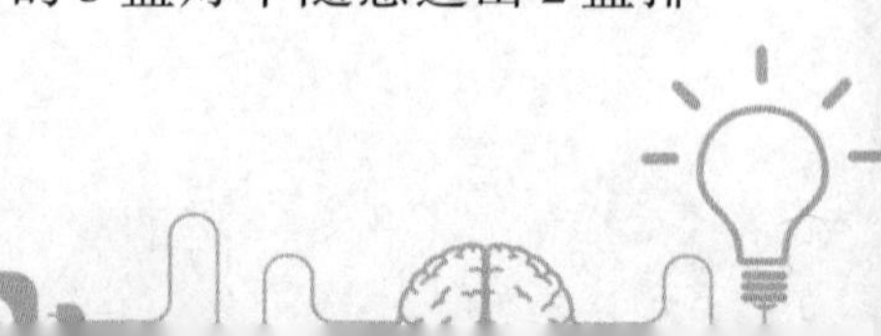

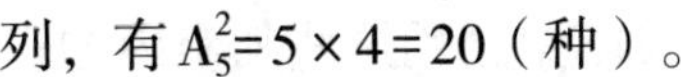

列，有$A_5^2=5\times4=20$（种）。

一共有$6\times5\times20=600$（种）。

答：紫灯不排在第一位，也不排在第四位的排法有600种。

课外练习与答案

1. 基础练习题

（1）小宝去给小贝买生日礼物，商店里卖的东西中，有不同的玩具8种，不同的课外书20本，不同的纪念品10种。那么，小宝买一种礼物可以有多少种不同的选法？

（2）5个灯泡排成一排，每个灯泡都有亮与不亮两种状态，一共可以表示多少种不同的信号？

（3）有从1到9共计9个号码球，可以组成多少个三位数？

（4）有6名学生和1位老师拍照留念，分成两排，前排3人，后排4人，老师要站在前排中间，那么他们一共有多少种不同的排法？

2. 提高练习题

（1）从分别写有1、2、3、4、5、6、7、8的八张卡片中任意取两张组成一道两个一位数的加法题。

①有多少种不同的和？

②有多少个不同的加法算式？

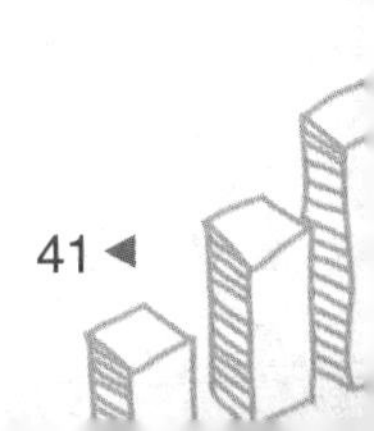

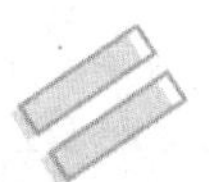

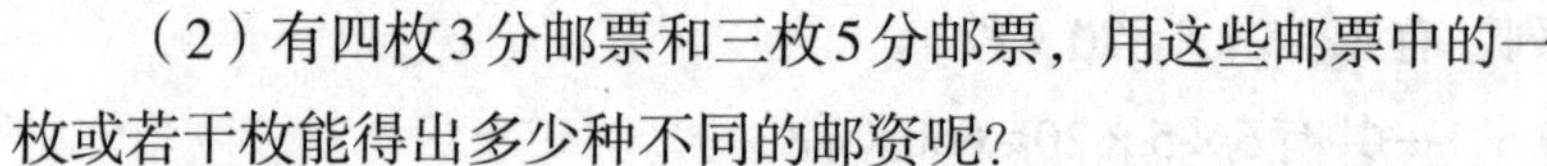

（2）有四枚3分邮票和三枚5分邮票，用这些邮票中的一枚或若干枚能得出多少种不同的邮资呢？

（3）某次运动会中，四名运动员的号码，有两人的号码正确，另两人的号码错误。发生这种错误的情况有几种？

（4）某人射击8枪，命中4枪。恰好有3枪连续命中。有多少种不同的情况？

3. 经典练习题

（1）在一张纸上有12个点，任意三个点均不在一条直线上，通过这些点一共可以画出多少条线段？

（2）A、B、C、D、E五人站成一排，如果A、B必须相邻且B在A的左边，那么不同的排法一共有多少种？

（3）7个人排成一排，其中甲、乙两人之间有且只有一人，共有多少种不同的排法？

（4）丁丁和爸爸、妈妈、奶奶、哥哥一起照“全家福”，丁丁和哥哥站在一排，爸爸、妈妈和奶奶坐在前排，且奶奶要坐在前排正中间。一共有多少种不同的排法？

答　案

1. 基础练习题

（1）小宝买一种礼物可以有38种不同的选法。

（2）一共可以表示32种不同的信号。

（3）可以组成504个三位数。

（4）他们一共有720种不同的排法。

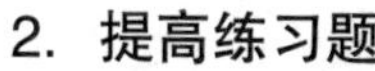

2. 提高练习题

（1）①有13种不同的和。②有28个不同的加法算式。

（2）用这些邮票中的一枚或若干枚能得出19种不同的邮资。

（3）发生这种错误的情况有6种。

（4）有20种不同的情况。

3. 经典练习题

（1）通过这些点一共可以画出66条线段。

（2）不同的排法共有24种。

（3）有1200种不同的排法。

（4）一共有24种不同的排法。

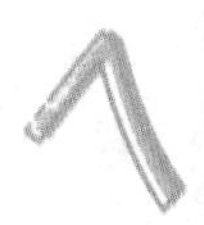

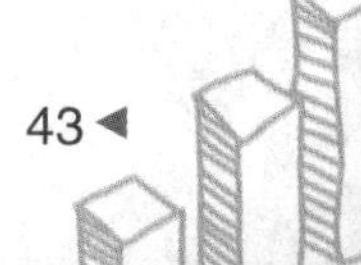

◆ 棕榄谜的巧计算

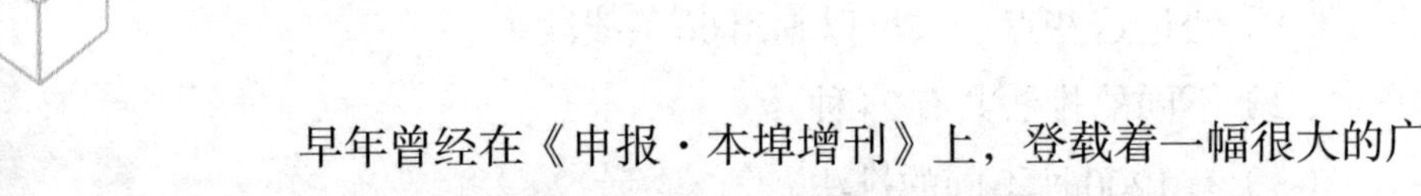

一

早年曾经在《申报·本埠增刊》上，登载着一幅很大的广告，是美商上海棕榄公司的，现在择要抄在下面。

游戏规则：

第一，一切规则均参照雀牌，“棕榄香皂”四字分别代替东南西北；“珂路搿”三字分别代替中發白；棕榄香皂、丝带牌牙膏及棕榄皂珠的三种图形则分别代替筒、条、万。

第二，按照雀牌规则，由本公司总经理先生及华经理马伯乐先生在图2-1所示的五十六张中，捡出十四张排定和牌一副，送至上海银行封存在第3401号保管箱中，至开奖时请公证人启视，以表郑重。

第三，参加游戏者只可在图2-1所示的五十六张中捡出十四张牌排成和牌一副，若与本公司所排定的和牌完全相同，则获赠无线电收音机一台。

第四，本公司备同款收音机十台，作为赠品。若猜中者超过十人，则再用抽签法决定……

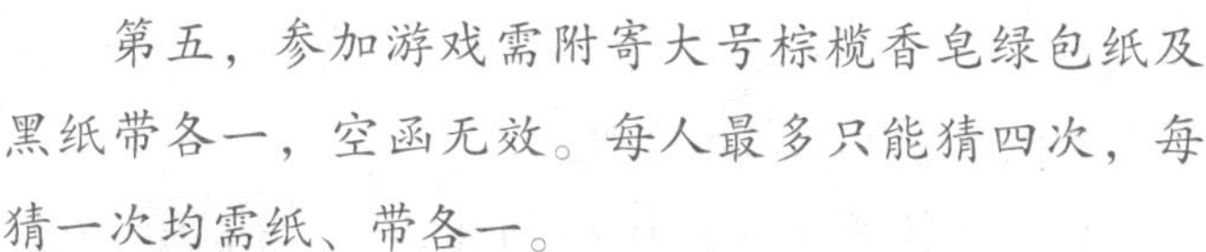

第五，参加游戏需附寄大号棕榄香皂绿包纸及黑纸带各一，空函无效。每人最多只能猜四次，每猜一次均需纸、带各一。

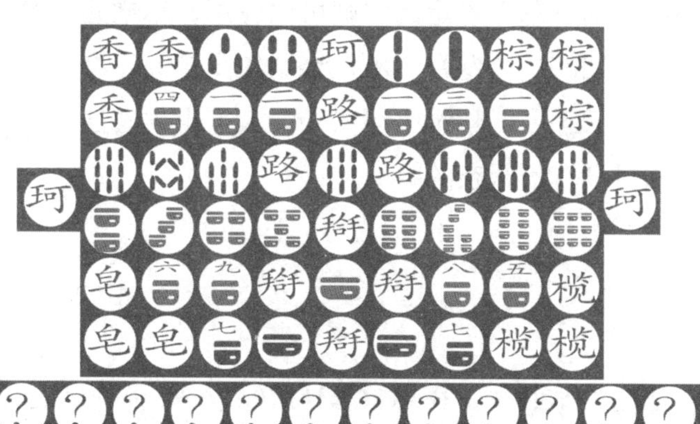

图 2-1

有几位朋友和我谈起这“棕榄谜”的时候，他们随口就问：“从这五十六张牌中选出十四张牌排定和牌一副，究竟有多少种排法？”这本来只是一个计算问题，但是要回答出一个确切的数，却不容易。

读者可以先想定一个答数，读完这篇文章后再来比较，我相信大多数的人都会吃惊不已。

初学数学的人常常会提出这样的问题：“一道题目到手，应当怎样入手呢？”因为他们见到别人解答题目好像不费什么力，便觉得这里面一定有什么秘诀。

其实科学中无所谓秘诀，要解答题目，只有依照一定的程序去思索。思考力经过训练后，这程序能够应用得比较纯熟，就容易使别人感到神奇了。

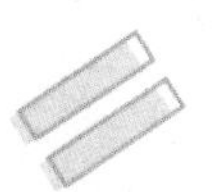

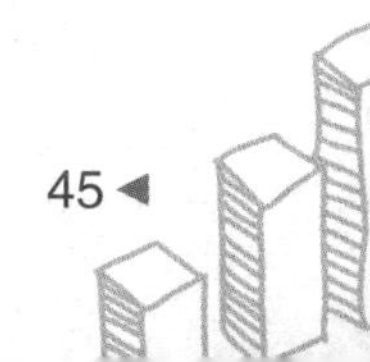

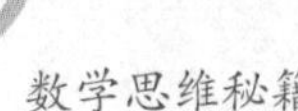

本文的目的：一是说明数学中叫作组合的这一种法则；二是说明思索数学题目的基本态度。

平常我们在数学教科书中所遇到的问题都是编者安排好了的，要解答问题总有一定的法则可以应用，思索起来也比较简单。这里所用的这个题目，不是谁预先安排的，可以更好地用来说明思索的态度。不过头绪繁杂，大家得耐着性子，教科书以外的题目没有不繁杂的呀。

二

一道题目拿到手，在思索怎样解答以前，必须对它有明确的认识：题目中所含的意义是什么？已知的事项是什么？所要求出的事项是什么？这些都得辨别清楚，这是第一步。

常常见到有些性子急的朋友，题目还只看到一半，便动起手来，这自然增加了做题的难度。假如我的经验可靠，那么不但要先审完题目，而且还需将它记住，才去想。对题思索，在思索的进展上往往会产生许多纷扰。

认清题目以后，还有一步工作也不能省略，那就是问一问“这题目是可能的吗？”数学上的题目，有些是表面上看起来非常容易，而一经着手便是束手无策的。初等几何中的“三等分任意角”，代数中的“五次方程式一般的解法”，这些最后都归到不可能的领域中了。

所谓题目的不可能，一种是主观的能力，另一种是客观的条件。只学过算术的人，三减五是不可能，这是第一种。三等分任意角，这是第二种。因为初等几何的作图，只能用没有刻

度的尺子和圆规两种工具。

此外还有一种不可能，那就是题目所给的条件不合或缺少。比如“鸡兔同笼共三十个头，五十只脚，求各有几只”，这是条件不合，因为三十只全是鸡也得有六十只脚。

至于条件缺少，当然是不可能的。有一次我和孩子背九九乘法表，自然他对我只有惊异，但是他很顽皮，居然要难倒我，忽然这样问道：“你会算一间房子有几片瓦吗？”

我当然回答不上来，这是因为条件不够。我只能够在知道一间房子有几行瓦，每行有几片的时候，才能算出瓦的总数。

判定一个题目是否可能，照这里所说的看来，是解题以前的工作。但是有些题目要判定它的不可能，而且还要给出一个不可能的理由来，不一定比解答题目容易，即如“三等分任意角”这一类题目就是经过很多人研究才判定的。

所以，这里所说的只限于比较容易判定的范围，在这个范围内，能够判定所遇到的题目是否可能，主观的或客观的，对于学数学的人来说与解答问题一样重要。

自然，对于教科书，我们可以相信那里面的题目总是可能的，遇到题目就向积极的方面去思索，但这并不是正当的途径。

三

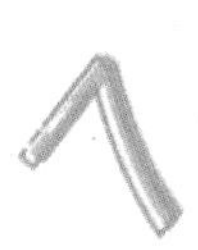

对所遇到的题目，经过一番审度已是可能的了，自然就是思索解答的方法。这种思索有没有一定的途径可循呢？因为题目的不同，要找同一条通路，那是不可能的，不过基本的态度

却可以说一说。

用这样的态度去思索题目的解法，虽然不能说可以迎刃而解，但是至少不至于走错路。如果是经过了训练，还能够避开不必要的弯。

解答一道题目，需要的能力有两种：一是对于题目所包含的一些事实的认识，一是对解答题目所需的数学上的法则的理解。

例如关于鸡兔同笼的题目，鸡和兔每只都只有一个头，鸡是两只脚，兔是四只脚，这是题目上不曾说出而包含着的事实。

如果对于这些事实认识不充足，面对这类的题目便无从下手。至于解这类题目要用到乘法、减法、除法，如果对于这些法则的根本意义不曾理解，那也是束手无策的。

现在我们转到“棕榄谜”上去。然而先得说明，我们要研究的是究竟有多少猜法，而不是怎样可猜中。照数学上说来，差不多是猜不中的，即使有人猜中，那也只是偶然的幸运。

我们要解答的题目是：在所绘的五十六张牌中，照雀牌规则，选出十四张牌来排成和牌一副，有多少种选法？

这个题目的解答，就客观的条件来说，当然是可能的，因为从五十六张牌中选出十四张牌的方法有多少种，可以用法则计算。

解答这道题目，我们首先需要知道的是些什么呢？从事实上说，应当知道依照雀牌的规则，怎样叫作一副和牌。

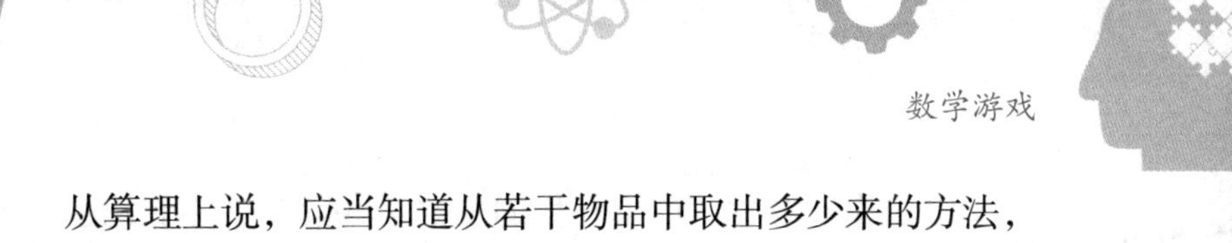

从算理上说，应当知道从若干物品中取出多少来的方法，应当怎样计算。

四

我相信雀牌，读者当中很多是认识的。至于怎样玩法，知道的也许没有这般普遍，但是也不用细说。这里需要说明一下的是什么叫作一副和牌。

十四张牌，如果可凑成四组三张的和一组两张的，这便是和了。为什么说凑成呢？因为并不是随便三张或两张都有成为一组的资格。

照雀牌规则，三张成一组的只有两种：一是完全相同的；二是花色，如所谓筒、条、万，是相同且连续的，如一、二、三筒，二、三、四条，三、四、五万等。至于两张成一组的那只有对子才能算数。

以所绘的五十六张牌为例，那么“棕棕棕，榄榄榄，香香香，皂皂皂，珂珂”便是一副和牌，而图2-1中的十二张香皂牌再任意配上别的一对也是一副和牌，因为十二张香皂牌恰好可排成“一一一，二三四，五六七，七八九”四组。

五

从若干件东西中取多少件的方法，应当怎样计算呢？比如你约了九个朋友，总共十个人，组织一个数学研究会，要选两个人做干事，这有多少方法呢？

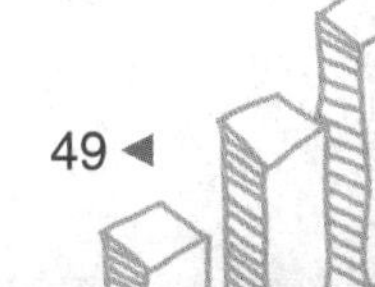

假如你已看过从前中学生的《数学讲话》，还能记起所讲过的排列法，那么这便容易了。假设两个干事还分正、副，那么这只是从十件物品中取出两件的排列法，它的总数是：

$A_{10}^{2}=10\times9=90$（种）。

但是前面并没有说过分正、副，所以在这九十种中，王老三当正干事，李老二当副干事，与李老二当正干事，王老三当副干事，在本题只能算一种。因此，从十个人当中推两个人出来当干事，实际的方法数是：

$A_{10}^{2}\div2=90\div2=45$（种）。

同样地，假如你要在A、B、C、D……二十六个字母中，取出两个来做什么符号，如果所取的次序也有关系，AB和BA以及BC和CB……两两不相同，则你的取法数共有：

$A_{26}^{2}=26\times25=650$（种）。

如果与所取的次序没有关系，那么AB和BA、BC和CB只能算成一种，则取法数共有：

$A_{26}^{2}\div2=650\div2=325$（种）。

由此可以推到一般的情形去，从n件物品里取出两件来的方法，不管它们的顺序，则总共的取法数是：

$$A_{n}^{2}\div2=\frac{n(n-1)}{2}\text{（种）。}$$

到了这一步，我们的讨论还没完，因为所取的东西都只有两件，如果是三件呢？在你组织的数学研究会中，如果选举的干事是三人，总共有多少种选法呢？

假定这三个干事的职务不同，比如说一个是记录，一个是会计，一个是政务，那么推选的方法便是从十个当中取出三个

的排列，而总数是：

$A_{10}^{3}=10\times 9\times 8=720$（种）。

但是如果不管职务的差别，那么张、王、李三个人被选出来后，无论怎样分担都是一样的，算是一种选举法。因此我们应当用三个人三种职务分担法的数目去除前面所得的720，而三个人三种职务的分担法总数共是：

$A_{3}^{3}=3\times 2\times 1=6$（种）。

所以从十个人中选出三个干事的方法共有：

$A_{10}^{3}\div A_{3}^{3}=\frac{10\times 9\times 8}{3\times 2\times 1}=120$（种）。

同样地，如果从A、B、C、D……二十六个字母中取出三个，不管它们的顺序，那么总数是：

$A_{26}^{3}\div A_{3}^{3}=\frac{26\times 25\times 24}{3\times 2\times 1}=2600$（种）。

因为在A_{26}^{3}的各种排列中每三个字母相同、但顺序不同的（如ABC，ACB，BAC，BCA，CAB，CBA）只能算成一种，就是A_{3}^{3}当中的各种只算成一种。

从这里我们可以看出，前面计算取两个的例子，我们用2作除数，在算理上应当是：

$A_{2}^{2}=2\times 1=2$。

于是我们可以得出一般的公式，从n件物品中取出m件的方法数应当是：

$$A_{n}^{m}\div A_{m}^{m}=\frac{n\times(n-1)\times(n-2)\times\cdots\times(n-m+1)}{m\times(m-1)\times(m-2)\times\cdots\times 2\times 1}$$

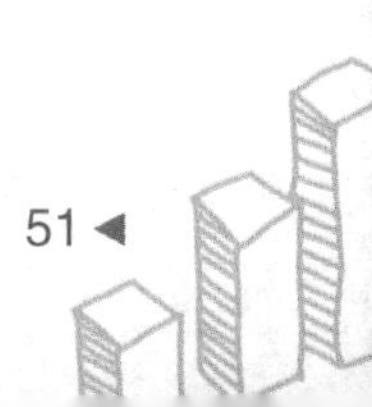

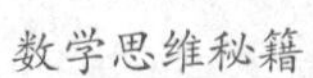

$$=\frac{n(n-1)(n-2)\cdots(n-m+1)}{m!}。\qquad (1)$$

如果用C_n^m来代替“从n件物品中取m件”的总数，那么

$$C_n^m=\frac{n(n-1)(n-2)\cdots(n-m+1)}{m!}。$$

这个公式便是一般的计算组合的式子。为了方便，还可以将它的形式变更一下：

因为$\dfrac{n(n-1)\cdots(n-m+1)}{m!}$

$$=\frac{[n(n-1)\cdots(n-m+1)][(n-m)(n-m-1)\cdots 1]}{m![(n-m)(n-m-1)\cdots 1]}$$

$$=\frac{n!}{m!(n-m)!},$$

所以$C_n^m=\dfrac{n!}{m!(n-m)!}$。　　　　（2）

例如，如果在十八个球员中选十一个出来和别人比赛，推举的方法数总共是：

$$C_{18}^{11}=\frac{18\times17\times16\times15\times14\times13\times12\times11\times10\times9\times8}{11\times10\times9\times8\times7\times6\times5\times4\times3\times2\times1}=31\,824。$$

这是依据公式（1）计算的，实际我们由公式（2）计算更简捷些：

因为$C_n^m=\dfrac{n!}{m!(n-m)!}=\dfrac{n!}{(n-m)!m!}=\dfrac{n!}{(n-m)![n-(n-m)]!}=C_n^{n-m}$，

所以$C_{18}^{11}=C_{18}^{18-11}=C_{18}^{7}=\dfrac{18\times17\times16\times15\times14\times13\times12}{7\times6\times5\times4\times3\times2\times1}=31\,824$。

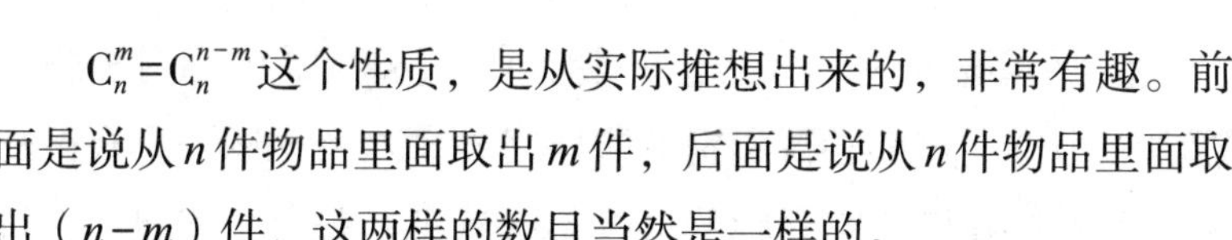

$C_n^m=C_n^{n-m}$这个性质，是从实际推想出来的，非常有趣。前面是说从n件物品里面取出m件，后面是说从n件物品里面取出（$n-m$）件，这两样的数目当然是一样的。

试想：比如一口袋里面装有n件小物体，你从口袋里摸出m件，那里面所剩的便是（$n-m$）件。你的摸法不同，口袋里的剩法也不同。你有若干种摸法，口袋里便相应有若干种剩法。

摸法和剩法完全是就你自己的地位说的，就物体而言，不过分成两组，一在口袋外，一在口袋里罢了。那么，取和舍的方法相同不是当然的吗？

组合的基本计算不过这么一回事儿，但是这里有一点应当注意，上面所说的n件物体是完全不相同的，如果其中有些相同，计算起来便有些不一样了。

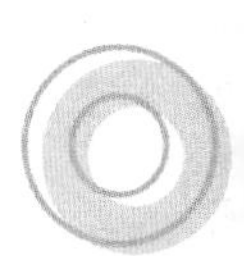

回归到棕榄谜上去，假如五十六张牌全不相同，那么拿出十四张牌的方法便是：

$C_{56}^{14}=5\,804\,731\,963\,800$（种）。

六

按照理论来说，既然已经知道了从五十六张全不相同的牌中取出十四张的方法的数目，进一步将相同而重复的数目以及不成一副和牌的数目减去，便得到所求问题的答案了。

然而说起来容易，做起来却不简单。实际上要计算不成一副和牌的数目，比另起炉灶来计算能成一副和牌的数目更繁杂。我们另走一条路吧！

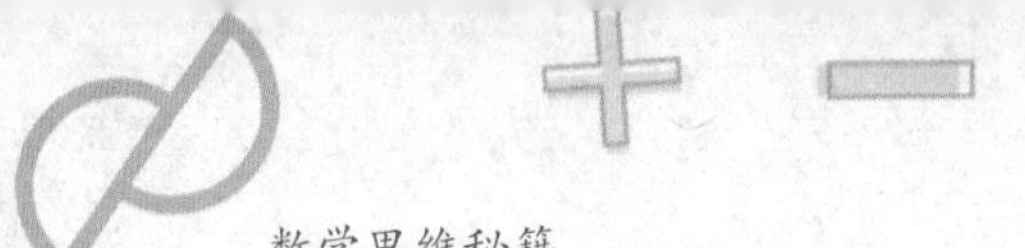

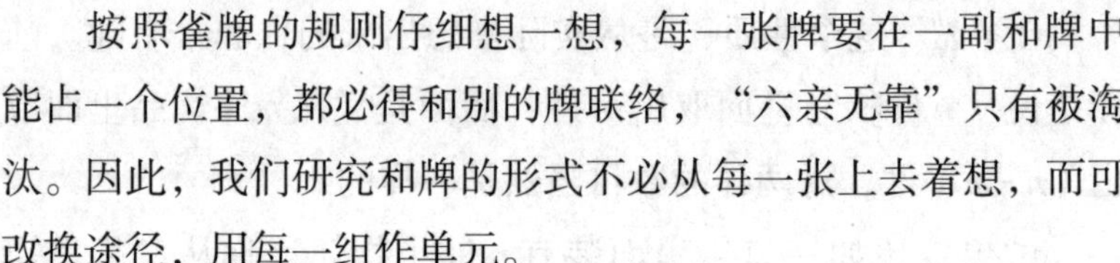

按照雀牌的规则仔细想一想，每一张牌要在一副和牌中能占一个位置，都必得和别的牌联络，“六亲无靠”只有被淘汰。因此，我们研究和牌的形式不必从每一张上去着想，而可改换途径，用每一组作单元。

那么，所绘的五十六张牌中，三张或两张一组，能够有多少组是有资格加入到和牌里去呢？

要回答这个问题，我们先将所有的材料来整理一下，这五十六张牌中，就花色说，数目的分配是这样的：

第一，字

棕3榄3香3皂3珂3路3搿4

第二，花色

	一	二	三	四	五	六	七	八	九
香皂	3	1	1	1	1	1	2	1	1
牙膏	1	1	1	1	1	1	1	1	3
皂珠	3	1	1	1	1	1	1	1	1

这些材料参照雀牌规则可以组成三张组和两张组的数目如下：

第一，字：

①三同色组：棕、榄、香、皂、珂、路、搿各1组，共7组。

②三连续组：无。

③对子组：棕、榄、香、皂、珂、路、搿各1组，共7组。

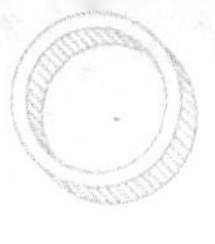

第二，花色：

	香皂	牙膏	皂珠
①三同色组	1组	1组	1组
②三连续组	7组	7组	7组
③对子组	2组	1组	1组

各组数目的计算，三同色组和对子组是已有的材料，一看便知，只有三连续组，就是从1、2、3、4、5、6、7、8、9共九个自然数中取三个连续的方法。

关于这一种数目的计算，和前面所说的一般的组合法显然不同。这有没有一定的公式呢？直截了当地回答“有”。

设如果有n个连续的自然数，要取2个相连续的，那么取的方法总共就是：

$n-(2-1)=n-2+1=n-1$。

因为从第一个起，将第二个和它相连得一种，接着我们将第三个去换第一个又得一种，再将第四个去换第二个又得一种，依次下去，最后是将第n个去换第（$n-2$）个。所以n个中除去第一个外，共有（$n-1$）个都可和它们前面一个相连成一种，因而总共的方法便是（$n-1$）种。

为什么上面的式子一开始我们要写成$n-(2-1)$呢？因为每组两个连续的数中就有一个是没有前面的数供它连上去的。

由此可知，在n个连续的自然数中，要取3个连续数的方法共是：

$n-(3-1)=n-3+1=n-2$。

因为是3个一组，所以最前面便有（3-1）个没有前面的数供它们连上去。由这个公式，9个连续的自然数中，要取3个连续数的方法便是

$9-(3-1)=9-2=7$。

把上面的公式推广到一般情形中去，就是从n个连续的自然数中取m个连续的方法数，总共是

$n-(m-1)=n-m+1$。

七

按照前面计算的结果，三张组总共是31组，对子组总共是11组，而一副和牌所包含的是四个三张组和一个对子组。我们很容易想到，只要从31组三张组中取出4组，再从11组对子组中取出1组，两相配合，便成一副和牌。

而三张组的取法共是C_{31}^{4}，对子组的取法共是C_{11}^{1}。因为两种取法中的任何一种，都可以同其他一种中的任何一种配合，所以总数便是：

$$
\begin{aligned}
& C_{31}^{4}\times C_{11}^{1} \\
=& \frac{31\times30\times29\times28}{4\times3\times2\times1}\times\frac{11}{1} \\
=& 346115\text{（种）。}
\end{aligned}
$$

然而这个数目太大了，因为这些配合法就所绘的材料来说，有些是不可能的。从31组三张组中取4组的总数是C_{31}^{4}，但是因为材料的限制，实际上并不能这么自由。

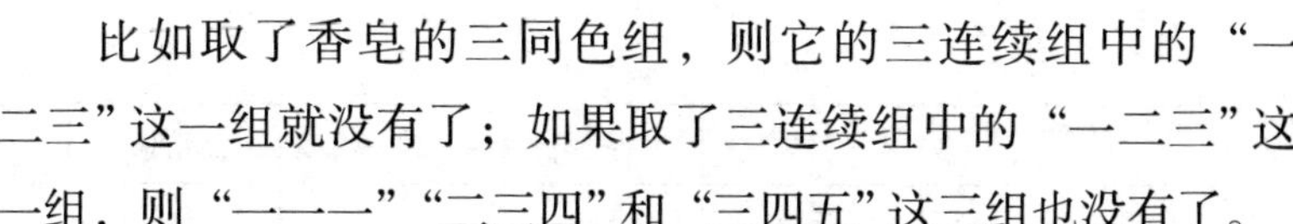

比如取了香皂的三同色组，则它的三连续组中的“一二三”这一组就没有了；如果取了三连续组中的“一二三”这一组，则“一一一”“二三四”和“三四五”这三组也没有了。

还有将对子配上去，也是不尽如人意的，即取了某一种的三同色组，则那一色的对子组便没有了；又如取了香皂的“五六七”或“六七八”或“七八九”，则香皂“七”的对子组也就没有了。

从上面所得的346 115种中减去这些不可能的数，那么便是我们所要求的了。然而要找这个减数，依然很繁杂。还有别的方法吗？

八

为了避去不可能的取法，我们试就各种花色分开来取，然后再相配成四组。

第一，字：这类的三张组总共是七组，所以取一组、二组、三组、四组的方法数相应是：

$$C_7^1=\frac{7}{1}=7（种）；$$

$$C_7^2=\frac{7\times6}{2\times1}=21（种）；$$

$$C_7^3=\frac{7\times6\times5}{3\times2\times1}=35（种）；$$

$$C_7^4=C_7^3=35（种）。$$

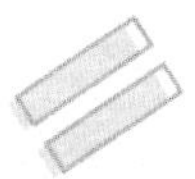

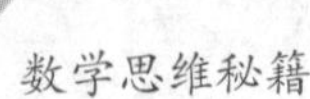

第二，花色：

		香皂	牙膏	皂珠
一组	含三同色的	1	1	1
	不含三同色的	7	7	7
二组	含三同色的	6	6	6
	不含三同色的	11	10	10
三组	含三同色的	7	6	6
	不含三同色的	3	1	1
四组	含三同色的	1	0	0
	不含三同色的	0	0	0

这个表中只取第一组的数目是不用计算就可知道的，取二组的数目两项的计算法如下：

第一，含三同色组的：本来一种花色只有一组三同色组，所以只需从三连续组中任取一组同它配合便可以了。不过七组当中有一组是含一（香皂和皂珠）或九（牙膏）的，因为一或九已用在三同色组中，不能再有。因此只能在六组中取出来配合，而得$1\times C_6^1=6$（种）。

第二，不含三同色组的：

就香皂说，分别计算如下：

a. 含“一二三”组的：这只能从4、5、6、7、8、9这六个连续的自然数中任取一个三连续组同它配合，依前面的公式得6−3+1=4（种）。

b. 含“二三四”组的：照同样的理由，5−3+1=3（种）。

c. 含“三四五”组的：4−3+1=2（种）。

d. 含“四五六”组的：和a中相同的不算，共是3−3+

1=1（种）。

e. 含“五六七”组的：和上面相同的不算，只有“七八九”一组和它相配，所以也是1。

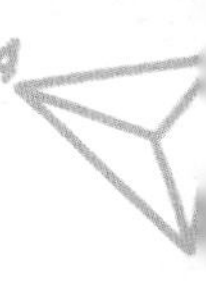

五项合计就得4+3+2+1+1=11（种）。

但是就牙膏和皂珠说，e这一组是没有的，因此只有10组。

取三组的计算法，根据取二组的数目便可得出：

①含三同色组的：就香皂说，取b到e各组中的任一组和三同色组配合便是，所以总数是7。在牙膏或皂珠中因为缺少e这一项，所以总数只有6种。

②不含三同色组的：就香皂说，可分为几项，如下：

a中含“一二三”组的：只有前面的d和e中各组相配合，所以总数是2种。

b中含“二三四”组的：只有前面的e可配合，所以总数是1。

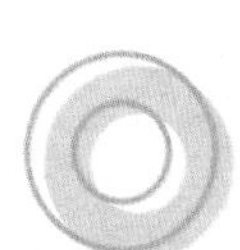

两项合计便是3种。

但是就牙膏或皂珠说，都只有“一二三”“四五六”“七八九”1种。

至于四组的取法，这很容易明白，不需计算了。

九

依照雀牌的规则，一副和牌含有四组三张组，我们现在的问题便成了就前面所列的各种组别来相配。为了便于研究，用含有字组的多少来分类，这比较容易明白。

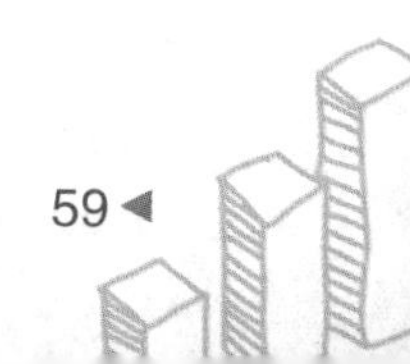

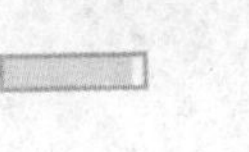

第一，四组字的：

这一种很容易明白，是$C_7^4=35$（种）。

第二，三组字的：

三组字的取法是C_7^3种，将每种和花色中的任一组相配就成了四组，而花色中共有24组，所以这种的总数是

$C_7^3\times C_{24}^1=35\times 24=840$（种）。

第三，二组字的：

二组字的取法是C_7^2种，将花色组和它配成四组，这有两种办法：

①两组花色相同的（同是香皂或牙膏或皂珠）：只需在二组花色的取法中，任用一种相配合。而两组花色相同的取法共有$6+11+6+10+6+10=49$种，所以配合的总数是

$C_7^2\times C_{49}^1=21\times 49=1029$（种）。

②两组花色不同的：这就是说在香皂、牙膏、皂珠中，任从两种中各取一组和两组字相配合。第一步，从三种中任取二种的方法是C_3^2种。而每一项取法中，各取一组的方法都是C_8^1种，因此，配成两组的方法是$C_8^1\times C_8^1$种，由此便可知道总共的配搭法数是

$C_7^2\times C_8^1\times C_8^1\times C_3^2=21\times 8\times 8\times 3=4032$（种）。

第四，一组字的：

一组字的取法是C_7^1种，需将三组花色同它们配合，这便有三种配合法：

①三组花色相同的：三组花色相同的取法共是$7+3+6+1+6+1=24$种，在这24种中任取一组和任一组字配合的方法种数是

$C_7^1 \times C_{24}^1 = 7 \times 24 = 168$（种）。

②两组花色相同的：如果是从香皂中取两组，在牙膏或皂珠中取一组，配合的方法都是$C_{17}^1 \times C_8^1$，所以共是$C_{17}^1 \times C_8^1 \times 2$。但是如果从牙膏中取两组，而在香皂或皂珠中取一组，配合的方法都是$C_{16}^1 \times C_8^1$种，所以共是$C_{16}^1 \times C_8^1 \times 2$种。从皂珠中取两组的配法自然也是$C_{16}^1 \times C_8^1 \times 2$种，由此，这一类花色的取法总数是

$$C_{17}^1 \times C_8^1 \times 2 + C_{16}^1 \times C_8^1 \times 2 + C_{16}^1 \times C_8^1 \times 2$$
$$=(C_{17}^1 + C_{16}^1 + C_{16}^1) \times C_8^1 \times 2$$
$$=C_{49}^1 \times C_8^1 \times 2。$$

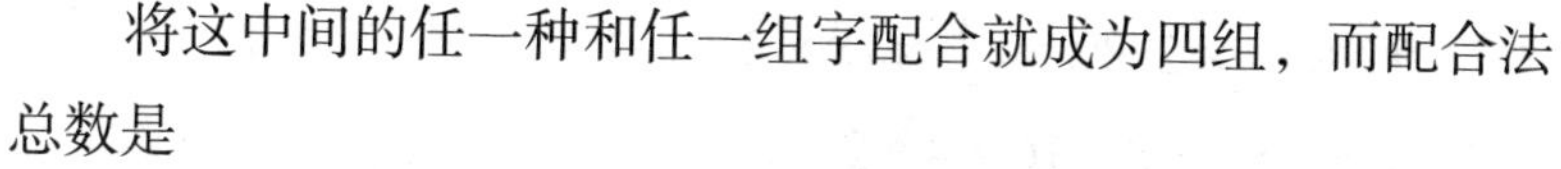

将这中间的任一种和任一组字配合就成为四组，而配合法总数是

$C_7^1 \times C_{49}^1 \times C_8^1 \times 2 = 7 \times 49 \times 8 \times 2 = 5488$（种）。

③三组花色不同的：这只能从香皂、牙膏、皂珠中各取一组而配合成三组，所以配合法只有$C_8^1 \times C_8^1 \times C_8^1$，再同一组字相配的方法数是

$C_7^1 \times C_8^1 \times C_8^1 \times C_8^1 = 7 \times 8 \times 8 \times 8 = 3584$（种）。

（5）无字组的：这一种里面，我们又可依照含香皂组数的多少来研究。

①四组香皂的：前面已经说过这只有1种。

②三组香皂的：香皂的取法是10种，每一种都可以同一组牙膏或皂珠配合，而牙膏和皂珠取一组的方法数是C_{16}^1，所以总共的配合法数是$C_{10}^1 \times C_{16}^1 = 10 \times 16 = 160$（种）。

③两组香皂的：这有两种配合法。

a. 同两组牙膏或皂珠相配，配合法有$C_{17}^1 \times C_{16}^1 \times 2$种；

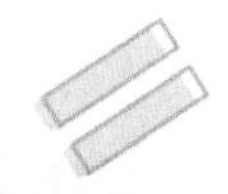

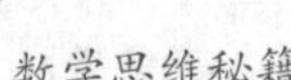

b. 牙膏和皂珠各一组相配，配合法有$C_{17}^1\times C_8^1\times C_8^1$种。

所以配合法总共有

$C_{17}^1\times C_{16}^1\times 2+C_{17}^1\times C_8^1\times C_8^1$

$=17\times 16\times 2+17\times 8\times 8$

$=1632$（种）。

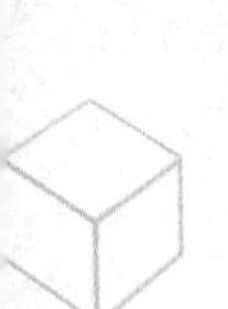

④一组香皂的：这也有两种配合法。

a. 同三组牙膏或皂珠相配，配合法有$C_8^1\times C_7^1\times 2$种；

b. 同两组牙膏、一组皂珠或一组牙膏、两组皂珠相配，配合法有$C_8^1\times C_{16}^1\times C_8^1\times 2$种。

所以配合法总共有

$C_8^1\times C_7^1\times 2+C_8^1\times C_{16}^1\times C_8^1\times 2$

$=8\times 7\times 2+8\times 16\times 8\times 2$

$=2160$（种）。

⑤没有香皂的：这有三种配合法。

a. 三组牙膏与一组皂珠的配合法有$C_7^1\times C_8^1$种；

b. 两组牙膏与两组皂珠的配合法有$C_{16}^1\times C_{16}^1$种；

c. 一组牙膏与三组皂珠的配合法有$C_8^1\times C_7^1$种。

所以配合法总共有

$C_7^1\times C_8^1+C_{16}^1\times C_{16}^1+C_8^1\times C_7^1=56+256+56=368$（种）。

到了这里，我们可以算一笔四组配合法的总数，这不用说，是一个小学生都会算的加法。虽然如此，还得写出来：

$35+840+1029+4032+168+5488+3584+1+160+1632+2160+368=19\,497$（种）。

到这里百尺竿头，只差一步了。在这19497种中各将一个对子配上去，便成了和牌。

十

就所有材料来说，总共有11个对子，如果材料可以自由使用，因为每一种四个三张组同每一对相配都成一副和牌，所以总数为

$19497\times C_{11}^{1}=214467$（种）。

然而这214 467副牌中，有些又是不可能的了。含着某一种三同色组的，那一色的对子便没有了。而含有香皂“五六七”“六七八”“七八九”中的一组的，香皂七的对子也没有了。

这么一想，配对子上去也不是一件简单的事。因此，计算配对子的方法还得像前面一样分别研究。字的变化比较少而且规则单纯，所以仍然以含字组的数目为标准来分类。

第一，四组字的：

在这一种里面，因为用了四种字，所以每副只有3个字对子可配合，但是4种花色对子却全可配上去。因此每种都有7个对子可配而成七副和牌，总共可成的和牌数便是

$C_{7}^{4}\times 7=35\times 7=245$（种）。

第二，三组字的：

这一种里面，因为用了三种字，所以每副只有4个字对子可配，而花色对子的配合法比较复杂，得另找一种思路计算。单就配字对子来说，总数是

$C_{7}^{3}\times C_{24}^{1}\times 4=840\times 4=3360$（种）。

凡是含有香皂或牙膏或皂珠的三同色组的，那一种花色的

对子便不能有，所以每副只有3个花对子可配合。而含三组字一组花色三同色组的，共有$C_7^3\times3$种，因此可配成的和牌数是

$C_7^3\times3\times3=35\times9=315$（种）。

凡不含香皂、牙膏和皂珠的三同色组的，一般说来，每副都有4个花色对了可配；只有含香皂“五六七”“六七八”“七八九”三组中的一组的，少了一个香皂的对子七。

花色的三连续组取一组的方法共有C_{21}^1种，和三组字的配合法便是$C_7^3\times C_{21}^1$种，将花色对子分别配上去的总数是$C_7^3\times C_{21}^1\times4$。而其中有$C_7^3\times C_3^1$种是含有香皂七的，少一对可配的对子，所以这一种能够配成和牌的种数是

$C_7^3\times C_{21}^1\times4-C_7^3\times3=35\times21\times4-35\times3=2835$（种）。

第三，二组字的：

这一种里面，依前面所说过的同一理由，每副有5个字对子可配合，这样配成的和牌的种数是

$(C_7^2\times C_{49}^1+C_7^2\times C_8^1\times C_8^1\times C_3^2)\times5$

$=(1029+4032)\times5=25305$（种）。

对于花色对子的配合，因为所含花色的三张组的情形不同，可分成以下三项：

①含一组香皂或牙膏或皂珠的三同色组的，一般来说有3个花色对子可配，而三张组的配合法种数是

a．两组花色相同的：$C_7^2\times C_{18}^1$；

b．两组花色不同的：$C_7^2\times1\times C_7^1\times C_3^2$。

总共是$C_7^2\times C_{18}^1+C_7^2\times1\times C_7^1\times C_3^2$。

将3个花色对配上去，种数是

$(C_7^2\times C_{18}^1+C_7^2\times1\times C_7^1\times C_3^2)\times3=2457$（种）。

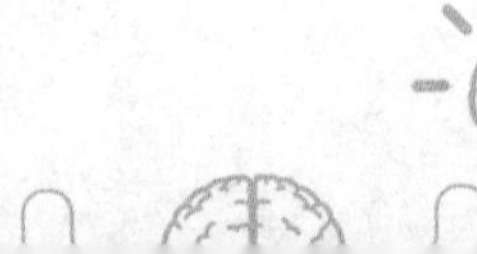

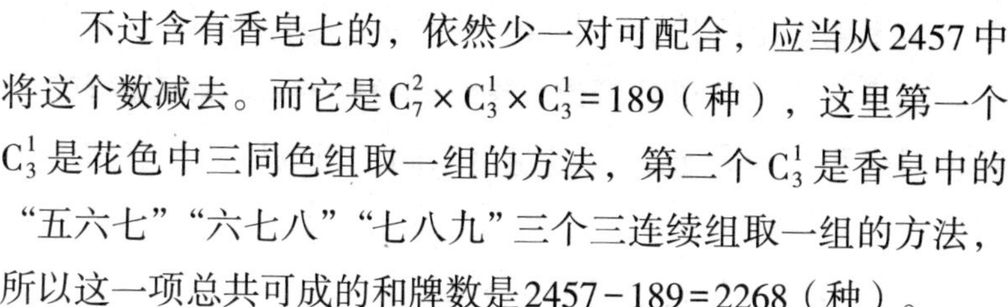

不过含有香皂七的，依然少一对可配合，应当从2457中将这个数减去。而它是$C_7^2 \times C_3^1 \times C_3^1 = 189$（种），这里第一个$C_3^1$是花色中三同色组取一组的方法，第二个$C_3^1$是香皂中的“五六七”“六七八”“七八九”三个三连续组取一组的方法，所以这一项总共可成的和牌数是$2457 - 189 = 2268$（种）。

②含两组香皂、牙膏、皂珠三同色组的，每副只有2个花色对子可配合，可成的和牌数是$C_7^2 \times C_3^2 \times 2 = 126$（种）。

③不含香皂、牙膏、皂珠等三同色组的，一般来说有4个花色对子可配合，从而总数是

$$(C_7^2 \times C_{31}^1 + C_7^2 \times C_7^1 \times C_7^1 \times C_3^2) \times 4 = 14952（种），$$

这里面自然也要减去没有香皂七的对子可配合的数。这种数目分析如下：

a. 两组花色相同，是$C_7^2 \times 10 = 210$（种），因为在香皂中，不含三同色组的两组的取法虽然有11种，而除“一二三，四五六”这种，都是含有香皂七的；

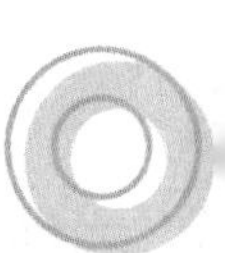

b. 两组花色不同，是$C_7^2 \times C_3^1 \times C_7^1 \times 2 = 882$（种），$C_3^1$是从香皂的“五六七”“六七八”“七八九”三组中取一组的方法数，C_7^1是从牙膏或皂珠中取一组三连续的方法数，而对于牙膏和皂珠的情形完全相同，因此用2去乘。总共应当减去的方法数是$210 + 882 = 1092$（种），所以这种的和牌数是$14952 - 1092 = 13860$（种）。

第四，一组字的：

这一种里面，每一副都有6个字对子可以配合，这样配成的和牌总数是

$$(C_7^1 \times C_{24}^1 + C_7^1 \times C_{49}^1 \times C_8^1 \times 2 + C_7^1 \times C_8^1 \times C_8^1 \times C_8^1) \times 6 = 55440（种）。$$

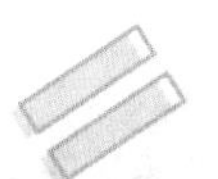

至于配搭花色对子，也需分别研究，共有四项：

①含一组香皂或牙膏或皂珠三同色组的，一般来说有3个花色对子可配合。而含一组花色三同色组的取法，又可分为三项：

a．三组花色同的，共有$C_7^1 \times C_{19}^1$种；

b．两组花色相同的，共有$C_7^1 \times C_{18}^1 \times C_7^1 \times 2 + C_7^1 \times C_{31}^1 \times 1 \times 2$种；

c．三组花色不同的，共有$C_7^1 \times C_3^1 \times C_7^1 \times C_7^1$种。因此，可以配成和牌的种数是

$(C_7^1 \times C_{19}^1 + C_7^1 \times C_{18}^1 \times C_7^1 \times 2 + C_7^1 \times C_{31}^1 \times 1 \times 2 + C_7^1 \times C_3^1 \times C_7^1 \times C_7^1) \times 3 = 10080$（种）。

在a中所有和香皂配合的，都没有香皂七的对子可配，这个数目是$C_7^1 \times C_7^1$。

在b中含两组香皂的，有$C_7^1 \times C_3^1 \times C_7^1 \times 2 + C_7^1 \times C_{10}^1 \times 1 \times 2$种香皂七的对子不能配合，而含牙膏或皂珠两组的各有$C_7^1 \times C_6^1 \times C_3^1$种不能和它配合，所以b里应减去$C_7^1 \times C_3^1 \times C_7^1 \times 2 + C_7^1 \times C_{10}^1 \times 1 \times 2 + C_7^1 \times C_6^1 \times C_3^1 \times 2$。

在c中含有牙膏或皂珠三同色组的各有$C_7^1 \times C_7^1 \times C_3^1$种不能和它配合，因此应减去的数是$C_7^1 \times C_7^1 \times C_3^1 \times 2$，而总共应当减去$C_7^1 \times C_7^1 + C_7^1 \times C_3^1 \times C_7^1 \times 2 + C_7^1 \times C_{10}^1 \times 1 \times 2 + C_7^1 \times C_6^1 \times C_3^1 \times 2 + C_7^1 \times C_7^1 \times C_3^1 \times 2 = 1029$（种）。

因此，这一项可成的和牌数是$10080 - 1029 = 9051$（种）。

②含二组香皂、牙膏和皂珠三同色组的，一般来说，只有2个花色对子可配合。这项当中，四组三张组的配合法，可以这样设想：由花色的三组三同色组取两组，而在各三连续组

中取一组，前一种的取法数是C_3^2，后一种的取法数是C_{19}^1。

因为三种花色中虽然共有2组三连续组，但是某两种花色既取了三同色组就各少去了一组三连续组，所以只有19组可用。合计共有和牌配合法：$C_7^1\times C_3^2\times C_{19}^1\times 2=798$（种）。

这里面应当减去不能和香皂七对子相配合的数：$C_7^1\times C_3^2\times C_3^1=63$，所以可成的和牌数是$798-63=735$（种）。

③含三组香皂、牙膏和皂珠三同色组的，这只有香皂七的对子可配合，和牌的数是$C_7^1\times 1=7$。

④不含香皂、牙膏，以及皂珠的三同色组的，一般来说有4个花色对子可配合。这也可分成三项研究：

a. 三组花色相同的，共有$C_7^1\times C_5^1$种；

b. 两组花色相同的，共有$C_7^1\times C_{31}^1\times C_7^1\times 2$种；

c. 三组花色不同的，共有$C_7^1\times C_7^1\times C_7^1\times C_7^1$种。

因此，同对子搭配起来种数是

$(C_7^1\times C_5^1+C_7^1\times C_{31}^1\times C_7^1\times 2+C_7^1\times C_7^1\times C_7^1\times C_7^1)\times 4=21896$(种)。

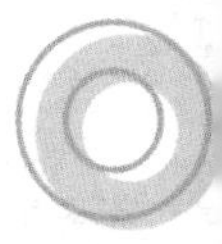

所应当减去的：在a中是$C_7^1\times C_3^1$种，因为含三组香皂的，香皂七的对子都不能配合，而且也只有这些不能；

在b中含两组香皂的，有$C_7^1\times C_{10}^1\times C_7^1\times 2$种不能和它配合。含其他两组同花色的，各有$C_7^1\times C_{10}^1\times C_3^1$种不能和它配合，共有（$C_7^1\times C_{10}^1\times C_7^1\times 2+C_7^1\times C_{10}^1\times C_3^1\times 2$）种；

在c中共有$C_7^1\times C_7^1\times C_7^1\times C_3^1$种不能和它配合。

所以总共应当减去的种数是

$C_7^1\times C_3^1+C_7^1\times C_{10}^1\times C_7^1\times 2+C_7^1\times C_{10}^1\times C_3^1\times 2+C_7^1\times C_7^1\times C_7^1\times C_3^1=2450$（种）。

而这一项中可成的和牌数是$21896-2450=19446$（种）。

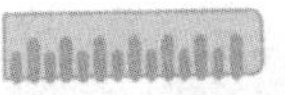

第五，无字组的：

这一种里面，每副都有7个字对子可配合，这是极明显的，这里仍照前面的分项法研究下去：

①四组香皂的：7个字对子和2个花色对子（牙膏的和皂珠的）可配合，所以总共可成的和牌数是

$1\times(7+2)=9$（种）。

②三组香皂的：

a. 字对子的配法数是$C_{10}^1\times C_8^1\times 2\times 7=1120$（种）。

b. 花色对子的配法，因为含有三组香皂，所以香皂七的对子都不能相配。如果只含一组三同色组的，有2个花色对子可配，这样的数是$(C_7^1\times C_7^1\times 2+C_3^1\times 1\times 2)\times 2$。如果含两组三同色组的只有1个花色对子可配合，这样的数目是$C_7^1\times 1\times 2\times 1$，因此总共的和牌数是

$(C_7^1\times C_7^1\times 2+C_3^1\times 1\times 2)\times 2+C_7^1\times 1\times 2\times 1=222$（种）。

至于不含三同色组的，却有3个花色对子可配，而和牌总数是$C_3^1\times C_7^1\times 2\times 3=126$（种）。

合计是$222+126=348$（种）。

③两组香皂的：

a. 字对子有7个可配，所以和牌数是

$(C_{17}^1\times C_{16}^1\times 2+C_{17}^1\times C_8^1\times C_8^1)\times 7=11\,424$（种）。

b. 花色对子的配合还得再细细地分别研究：

Ⅰ. 含有一组三同色组的，只有3个花色对子可配合，总数是$(C_6^1\times C_{10}^1\times 2+C_6^1\times C_7^1\times C_7^1+C_{11}^1\times C_6^1\times 2+C_{11}^1\times 1\times C_7^1\times 2)\times 3=2100$（种）；

而应当减去的数是

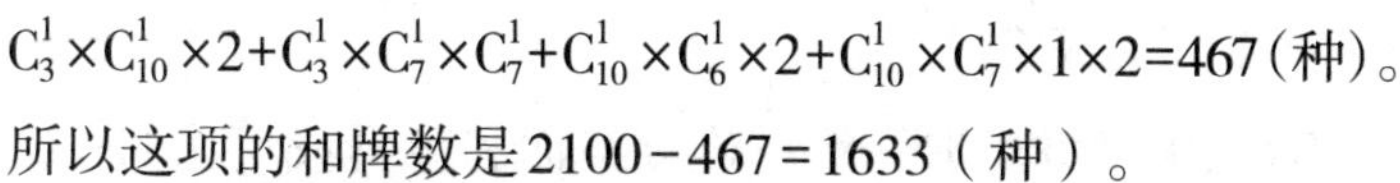

$C_3^1\times C_{10}^1\times2+C_3^1\times C_7^1\times C_7^1+C_{10}^1\times C_6^1\times2+C_{10}^1\times C_7^1\times1\times2=467$（种）。

所以这项的和牌数是2100－467＝1633（种）。

Ⅱ．含有两组三同色组的，一般来说，只有2个花色对子可配合，其中自然也得减去香皂七的对子所不能配合的，所以和牌的总数是（$C_6^1\times C_6^1\times2+C_6^1\times1\times C_7^1\times2+C_{11}^1\times1\times1$）×2－（$C_3^1\times C_6^1\times2+C_3^1\times1\times C_7^1\times2+C_{10}^1\times1\times1$）＝246（种）。

Ⅲ．含有三组三同色组的，这只有一部分不含香皂七的，可以同香皂七的对子配合成和牌，这样的和牌数是

$C_3^1\times1\times1=3$（种）。

Ⅳ．不含三同色组的，一般来说有4个花色对子可配合，也应当减去香皂七的对子所不能配合的，这一项和牌数是

（$C_{11}^1\times C_{10}^1\times2+C_{11}^1\times C_7^1\times C_7^1$）×4－（$C_{10}^1\times C_{10}^1\times2+C_{10}^1\times C_7^1\times C_7^1$）＝2346（种）。

这四小项所得的和牌数是1633+246+3+2346=4228（种）。

④一组香皂的：

a．字对子也是7个都可以配合，所以这样的和牌数是

（$C_8^1\times C_7^1\times2+C_8^1\times C_{16}^1\times C_8^1\times2$）×7＝15 120（种）。

b．花色对子的配合：

Ⅰ．含一组三同色的，和牌数是

（$1\times1\times2+1\times C_{10}^1\times C_7^1\times2+C_7^1\times C_6^1\times2+C_7^1\times C_6^1\times C_7^1\times2+C_7^1\times C_{10}^1\times1\times2$）×3－（$C_3^1\times C_6^1\times2+C_3^1\times C_6^1\times C_7^1\times2+C_3^1\times C_{10}^1\times1\times2$）＝2514（种）。

这里第一个括弧中的前两项是香皂取一组三同色的。而第一项是和牙膏或皂珠三连续组的三组配合，第二项是在牙膏或皂珠中取三连续组两组和其他一种中的一组三连续组配合。香

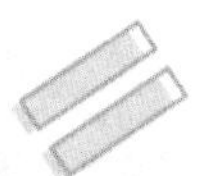

皂七的对子都配得上去。

后三项是香皂取一组三连续组而和牙膏或皂珠的一组三同色组及别的两组配合，所以这项中有些是香皂七的对子不能配的，应当减去。

Ⅱ. 含两组三同色组的，一般的只有2个花色对子可相配，配合的情形依前一种可类推，和牌数是

$(1\times C_6^1\times2+1\times C_6^1\times C_7^1\times2+1\times C_{10}^1\times1\times2+C_7^1\times C_6^1\times1\times2)\times2-C_3^1\times C_6^1\times1\times2=364$（种）。

Ⅲ. 含三组三同色组的，这自然只有香皂七的对子可以配合了，和牌数是$1\times C_6^1\times1\times2=12$（种）。

Ⅳ. 不含三同色组的，一般来说有4个花色对子可配合，也应当减去香皂七的对子所不能配合的，所以和牌数是

$(C_7^1\times1\times2+C_7^1\times C_{10}^1\times C_7^1\times2)\times4-(C_3^1\times1\times2+C_3^1\times C_{10}^1\times C_7^1\times2)=3550$（种）。

这四小项的和牌数是$2514+364+12+3550=6440$（种）。

⑤没有香皂的：这一项里每副7个字对子和2个香皂的对子都可以去配合，这样的和牌数是

$(C_7^1\times C_8^1\times2+C_{16}^1\times C_{16}^1)\times(7+2)=3312$（种）。

此外，就只剩牙膏或皂珠的对子的配合了。只含一组三同色组有1个对子可配合，一组不含的有2个对子可配合，所以和牌数是

$(C_6^1\times C_7^1\times2+1\times1\times2+C_6^1\times C_{10}^1\times2)\times1+(1\times C_7^1\times2+C_{10}^1\times C_{10}^1)\times2=434$（种）。

读者大概已是头昏脑涨了，但我要恭喜你，我们现在所差的只是将这些分量总结一下，这不过是一个中等复杂的加法

而已。

所谓粽榄谜，究竟有多少猜法？要知谜底，请看下面：

245+3360+315+2835+25 305+2268+126+13 860+55 440+9051+735+7+19 446+9+1120+348+11 424+4228+15 120+6440+3312+434=175 428（种）。

这175 428副和牌，还是单就雀牌的正规说。一般玩雀牌的人，还有和十三幺的说法，在西南几省还有和七对的。

所谓十三幺，照粽榄谜说，就是一副中，粽、榄、香、皂、珂、路、搿、香皂一、九，牙膏一、九和皂珠一、九，十三张都有而且有一张成对。在所绘的材料中除香皂九、牙膏一和皂珠九不能成对外还有十种可以成对，所以十三幺的和法共有10种。

至于七对的和法，因为总共有12个对子可以做成粽、榄、香、皂、珂、路、香皂一、香皂七、牙膏九、皂珠一各1对，搿2对，所以和法共有

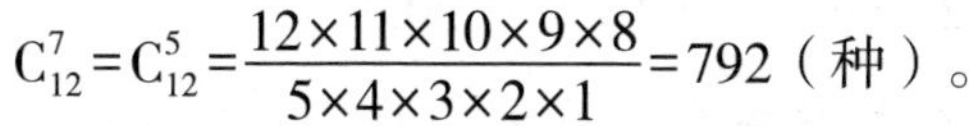

$$C_{12}^{7}=C_{12}^{5}=\frac{12\times11\times10\times9\times8}{5\times4\times3\times2\times1}=792\text{（种）}。$$

将这三种合起来，和牌的副数便是

175 428+10+792=176 230（种）。

读者如果预先想到一个答数，看到这里就得到了比较。真实的数目和你预估的相差可能很大吧！

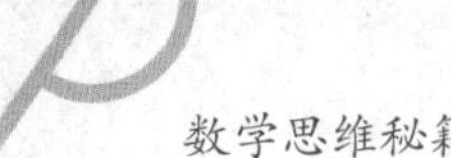

十一

现在我们如果猜的话。照它的游戏规则说，每人以四猜为限，你如果规规矩矩地猜了四次，你的希望不过是

$$\frac{4}{176230}=\frac{2}{88115}。$$

就是$\frac{1}{44057}$还不到，依概率说，这实在是太微弱了。

你也许可以这样想，我们可以揣摩公司的心理，这样，就比较有把握。但是如果该公司排定的和牌不是偶然的，而有什么用意，可以被别人揣摩到，那么能猜中的人就一定不少。

依照它的游戏规则，赠品仅以十台为限，若猜中者超过十人，则再用抽签法决定，所以你就是猜中了，得奖的希望还是不大。

从少数说，比如有二十个人猜中，那么你也不过有一半的概率获奖。因为从二十个人中抽出十个人的方法数是C_{20}^{10}，能够抽到你的方法数是C_{19}^{9}，你的获奖概率便是：

$$\frac{C_{19}^{9}}{C_{20}^{10}}=\frac{19!}{9!\times10!}\div\frac{20!}{10!\times10!}=\frac{19!}{9!\times10!}\times\frac{10!\times10!}{20!}=\frac{1}{2}。$$

是的，一半的获奖概率本不算小，但是由揣摩心理去猜中，这是多么渺茫呵！你也许会想到，用44057个名字，各种和牌都猜去，自然一定会中的。然而，你别忙着开心，这是不可能实现的，或者还可能倒霉。为什么呢？

共有176230副和牌，按照它的规定，要你从图上将捡定的14张剪贴在参赛券上。就算你很敏捷，2分钟可以剪贴成1

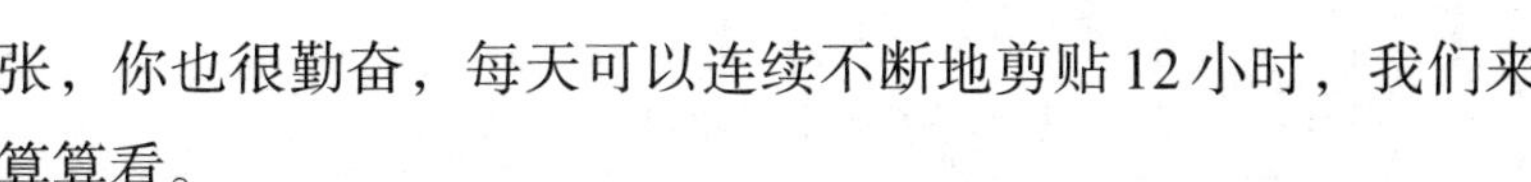

张，你也很勤奋，每天可以连续不断地剪贴12小时，我们来算算看。

2分钟剪贴1张，1小时可剪贴30张，一天工作12小时，总共也不过可剪贴360张。要全部剪贴完，就要489天6小时20分钟。你每天都不中断，也需一年四个多月。然而游戏的截止日期是当年9月10日，怎么能实现呢？

为什么也有可能倒霉？依游戏规则，每一猜需附寄大号棕榄香皂绿包纸及黑纸带各一。这就是说你要猜一条就得买一块大号棕榄香皂，所以你要全猜，需买176 230块。照平常的价钱每块要0.26元，就算你买得多打对折也要0.13元，而总共就要22 909.9元。你有这么多的闲钱吗？

再进一步想，公司将香皂这样卖给你，每块即使赚你一分钱，他也就赚了你1762.3元。

朋友F君说：绿包纸及黑纸带可以想方设法去收集，一个铜圆一副。好，就这么办吧！176 230个铜圆，按照上海当时的行情说，算是300个铜圆1元钱，也要587.43元，你又要用四万多个信封，还不够自己买一台收音机吗？

还有一点要补充一下。上面所计算的和牌数是十七万多，这还只就每副牌所包含的十四张的情形而言，游戏规则说参加游戏者亦可在五十六张中取出十四张“排”成和牌一副，如与本公司所“排定”的和牌“完全”相同……

假如这项规定的本意不但是要你猜中他所“排定”那一副和牌是用哪十四张，而且还需“排”得一样。那么，朋友，这个数目可够你算了。一副和牌排法最多的，就是十四张中除一个对子外都不相同的，它的排法是

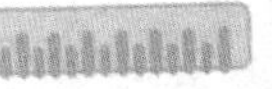
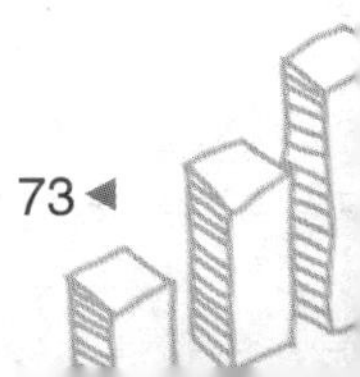

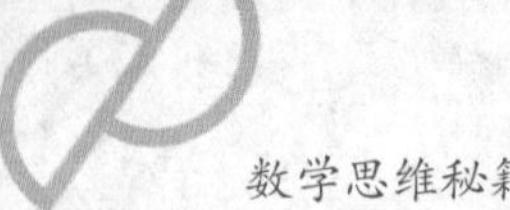
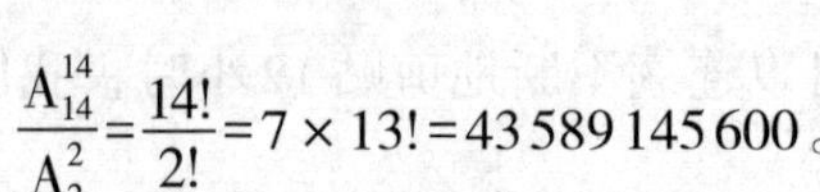

$$\frac{A_{14}^{14}}{A_2^2}=\frac{14!}{2!}=7\times 13!=43\,589\,145\,600。$$

而最少的，含有四组三同色组和一对的，也有33 633 600种排法（算式如下）。

$$\frac{A_{14}^{11}}{A_3^3\cdot A_3^3\cdot A_3^3\cdot A_3^3\cdot A_2^2}=\frac{14!}{3!3!3!3!2!}=33\,633\,600（种）。$$

十七万多副和牌的排法共有多少，这个数不是够你算了吗？而算了出来，你有办法说清楚吗？

假如棕榄公司的经理是要你“排”得“完全”和他“排定”的相同，你要去猜，猜中的概率岂不是如大海捞针吗？

基本公式与例解

1. 基本概念与公式

（1）基本概念

棕榄谜的巧计算，涉及一个问题，就是“从五十六张牌中选出十四张排定和牌一副，究竟有多少种排法”的问题，这也就是我们通常所说的组合问题。

组合，是指从给定个数的元素中仅仅取出指定个数的元素，不考虑顺序。

组合的另一个定义为：从n个不同元素中取出m（$m\leqslant n$）个元素合成一组，叫作从n个不同元素中取出m个元素的一个组合。

从n个不同元素中取出m（$m\leqslant n$）个元素的所有不同组合的个数，叫作从n个不同元素中取出m个元素的组合数，用符号C_n^m表示。

（2）基本公式

$$C_n^m=\frac{A_n^m}{A_m^m}=\frac{n(n-1)(n-2)\cdots(n-m+1)}{m!}=\frac{n!}{m!(n-m)!}。$$

（因为组合不考虑顺序问题，所以会有重合的部分）

例：有从1到9共计9个号码球，如果三个一组，代表“三国联盟”，可以组合成多少个“三国联盟”？

解：2、1、3组合和3、1、2组合，代表同一个组合，只要有三个号码球在一起即可。故可以组成：

$C_9^3=(9\times8\times7)\div(3\times2\times1)=84$（个）。

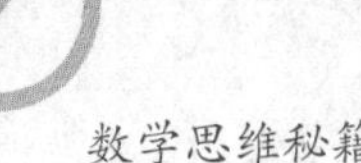

答：可以组合成84个“三国联盟”。

2. 强化训练

组合跟排列一样，属于数学中的计数方法，解答题目所运用的原理与方法也是一样的，如加法原理、乘法原理、插空法、元素分析法、不同元素先分堆再分配等。在组合问题中运用较多的是隔板法（插板法）。

题型：如果题目中要求把n个元素分成m份，且每堆至少有1个元素，可以看作把（$m-1$）个木板插入这n个元素形成的（$n-1$）个空隙中，即从（$n-1$）个空隙中选出（$m-1$）个空隙给木板。

方法：利用组合数C_{n-1}^{m-1}求解。

例1：某单位订阅了30份相同的学习资料发放给3个部门，每个部门至少得9份资料。一共有多少种不同的发放方法？

分析：先给每个部门发放8份资料，那么还剩$30-8\times3=6$（份）资料，运用隔板法，在这6份资料的5个间隔中放上两个隔板，可保证每个部门有9份资料，就是在5个空隙中选出2个，共有C_5^2种选法。

解：先给每个部门发放8份资料，那么还剩

$30-8\times3=6$（份）资料，

共有发放方法：$C_5^2=(5\times4)\div(2\times1)=10$（种）。

答：一共有10种不同的发放方法。

例2：把20个相同的球全放入编号分别为1、2、3的三个盒子中，要求每个盒子中的球数不少于其编号数，那么有多少种不同的放法？

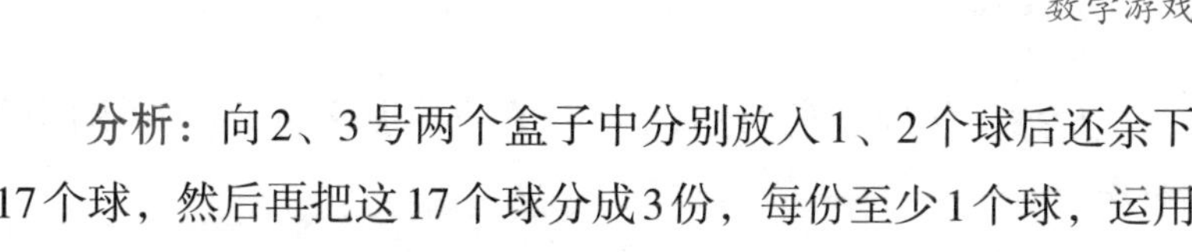

分析：向2、3号两个盒子中分别放入1、2个球后还余下17个球，然后再把这17个球分成3份，每份至少1个球，运用隔板法，共有C_{16}^{2}种放法。

解：向2、3号两个盒子中分别放入1、2个球，还剩

20－3＝17（个）球。

17个球分成3份，每份至少1个，共有

C_{16}^{2}＝（16×15）÷2＝120（种）。

答：有120种不同的放法。

应用习题与解析

1. 基础练习题

（1）从6双不同颜色的手套中任取4只，其中恰好有1双同色的取法有多少种？（手套分左右手）

考点：组合问题，用乘法原理解题。

分析：从6双手套中选出1双同色的，有C_6^1种方法；从剩下的5双手套中任选2双，有C_5^2种方法；从2双手套中分别拿1只手套，有$C_2^1 \times C_2^1$种方法。共有$C_6^1 \times C_5^2 \times C_2^1 \times C_2^1$种方法。

解：从6双手套中选出1双同色的，有C_6^1＝6（种）；

从剩下的5双手套中任选2双，有

C_5^2＝（5×4）÷（2×1）＝10（种）；

从2双手套中分别拿1只手套，有$C_2^1 \times C_2^1$＝4（种）。

由乘法原理，共有6×10×4＝240（种）。

答：其中恰好有1双同色的取法有240种。

（2）身高互不相同的6个人排成2行3列，在第一行的每

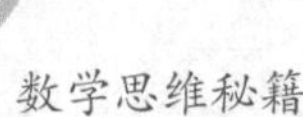

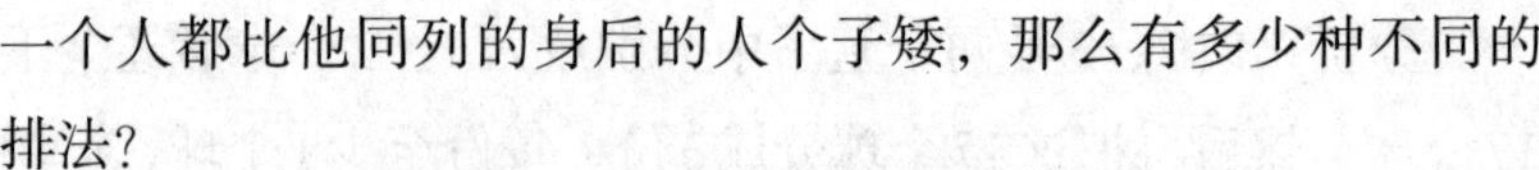

一个人都比他同列的身后的人个子矮，那么有多少种不同的排法？

考点：组合问题，用乘法原理解题。

分析：每一纵列中的两人只要选定，那么他们只有一种站位方法，因而每一纵列的排队方法只与人的选法有关系，共有三纵列，从而有$C_6^2\times C_4^2\times C_2^2$种。

解：$C_6^2\times C_4^2\times C_2^2$

$=(5\times6)\div2\times[(4\times3)\div2]\times[(2\times1)\div2]$

$=90$（种）。

答：满足条件的排法有90种。

（3）现有侦探小说、参考书、漫画书各2本，要将它们分给甲、乙、丙三名同学各2本。有多少种不同的分法？

考点：组合问题。

分析：先从6本书中拿出2本，有C_6^2种拿法；用同样的方法，从剩下的4本中拿2本，有C_4^2种拿法；从剩下的2本中拿2本，有C_2^2种方法。

解：从6本书中拿出2本，再从剩下的4本中拿2本，一共有：

$C_6^2\times C_4^2\times C_2^2$

$=6\times5\div2\times(4\times3\div2)\times1$

$=90$（种）。

答：有90种不同的分法。

（4）对某件产品的6件不同正品和4件不同次品进行一一测试，直至区分出所有次品为止。若所有次品恰好在第五次测试时被全部发现，则这样的测试方法有多少种可能？

考点：排列问题。

分析：本题意指第五次测试的产品一定是次品，并且是最后一个次品，因而第五次测试应算是特殊位置了，可以分步完成。第一步，第五次测试的有几种可能；第二步，前四次有一件正品有几种可能；第三步，前四次有几种顺序，最后根据乘法公式计算可得共有几种可能。

解：对四件次品编序为1、2、3、4，第五次抽到任意一件次品，有C_4^1种情况。

前四次有三次是次品，一次是正品，共有$C_6^1 \times C_3^3$种情况；

前4次测试中的顺序有A_4^4种可能。

由分步计数原理，共有

$C_4^1 \times C_6^1 \times A_4^4$

$=4 \times 6 \times 4 \times 3 \times 2 \times 1$

$=576$（种）。

答：这样的测试方法有576种可能。

（5）在11名工人中，有5人只能当钳工，4人只能当车工，另外2人既能当钳工也能当车工。现在从11人中选出4人当钳工，4人当车工，共有多少种不同的选法？

考点：排列组合综合应用问题，用加法原理和乘法原理解题。

分析：由于题目中涉及不同种类，所以需进行分类。以两个既能当钳工也能当车工的工人为分类的对象，考虑以他们当中有几人去当钳工为分类标准。第一类，这两人都去当钳工，有$C_2^2 \times C_5^2 \times C_4^4$种；第二类，这两人中有一人去当钳工，有$C_2^1 \times C_5^3 \times C_5^4$种；第三类，这两人都不去当钳工，有$C_5^4 \times C_6^4$种。因而

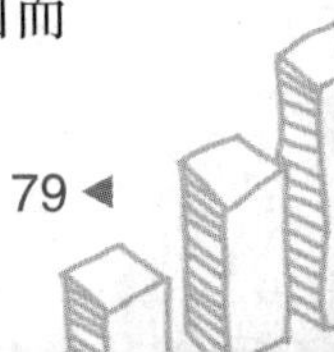

共有$C_2^2\times C_5^2\times C_4^4+C_2^1\times C_5^3\times C_5^4+C_5^4\times C_6^4$种。

解：以两个既能当钳工也能当车工的工人为分类的对象。第一类，这两个人都去当钳工，有

$C_2^2\times C_5^2\times C_4^4$

$=1\times(5\times4)\div(2\times1)\times1$

$=10$（种）；

第二类，这两人中有一人去当钳工，有

$C_2^1\times C_5^3\times C_5^4$

$=2\times[(5\times4\times3)\div(3\times2\times1)]\times5$

$=100$（种）；

第三类，这两人都不去当钳工，有

$C_5^4\times C_6^4=C_5^1\times C_6^2=5\times[(6\times5)\div(2\times1)]=75$（种）。

一共有$10+100+75=185$（种）。

答：共有185种不同的选法。

2. 巩固提高题

（1）从数字1、3、5、7、9中任选三个，从0、2、4、6、8中任选两个，可以组成多少个：

①没有重复数字的五位数?

②没有重复数字的五位偶数?

③没有重复数字且能被4整除的五位数?

考点：组合问题综合应用。

分析：①先求出能组成的五位数，然后减去0在最高位的情形。②一个整数是偶数的必要条件是个位为偶数，先求出所有的偶数，然后再减去0在最高位的偶数就是可以组成的个数。③一个数能被4整除的必要条件是后两位能被4整除，分

类解题。

解：①两种方法。第一种方法，求出所有形式上的五位数，再减去0在最高位的情形，即

$C_5^3\times C_5^2\times A_5^5-C_5^3\times C_1^1\times C_4^1\times A_1^1\times A_4^4$

$=10\times 10\times 120-10\times 1\times 4\times 1\times 24$

$=11040$（个）。

第二种方法是分类，分两类，一类是取出的五个数中没有0，一类是取出的数中有0。第一类共有：

$C_5^3\times C_4^2\times A_5^5$

$=10\times 6\times 120$

$=7200$（个）；

第二类共有：

$C_5^3\times C_1^1\times C_4^1\times A_4^1\times A_4^4$

$=10\times 1\times 4\times 4\times 4\times 3\times 2$

$=3840$（个）。

所以共有$7200+3840=11040$个没有重复数字的五位数。

②一个整数是偶数的必要条件是个位为偶数，所有形式上的偶数有：

$C_5^3\times C_5^2\times A_2^1\times A_4^4$

$=10\times 10\times 2\times 24$

$=4800$（个）。

0在最高位的偶数有

$A_1^1\times A_4^1\times A_5^3$

$=1\times 4\times 5\times 4\times 3$

$=240$（个）。

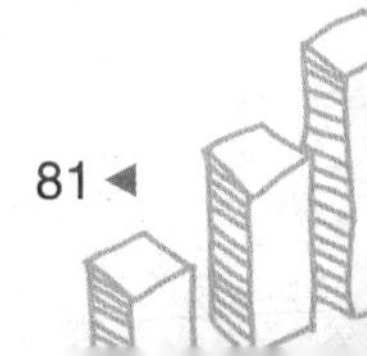

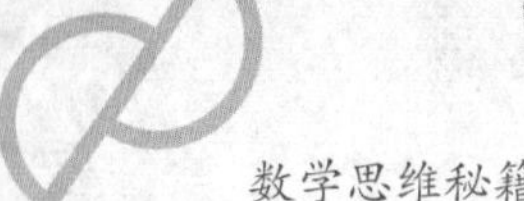

所以没有重复数字的五位偶数有4800-240=4560（个）。

③一个数能被4整除的必要条件是后两位能被4整除，因此，0、4、8在个位时十位必为偶数，2、6在个位时十位必为奇数。

第一类有：$A_3^1 \times A_4^1 \times A_5^3$

$=3\times4\times5\times4\times3$

$=720$（个）；

第二类有：$A_2^1 \times A_5^1 \times (C_4^2 \times C_4^1 \times A_3^3 - A_1^1 \times A_4^2)$

$=2\times5\times(6\times4\times6-12)$

$=1320$（个）。

因此共有：720+1320=2040（个）。

所以可以组成2040个没有重复数字且能被4整除的五位数。

答：可以组成11 040个没有重复数字的五位数；可以组成4560个没有重复数字的五位偶数；可以组成2040个没有重复数字且能被4整除的五位数。

（2）学校举行了中国象棋比赛，已知参赛选手共64人。

①如果采用单循环赛制，决出冠军和亚军，至少需要赛多少场？

②如果先分成8个小组，在小组内采用单循环赛制，小组取前2名，共16名队员进行淘汰赛，只决出冠军和亚军，一共要赛多少场？

考点：排列组合问题。

分析：①组合问题，不考虑排序，从64人中选出冠军和亚军，一共要赛C_{64}^2场。②64人分成8个小组，一个小组有

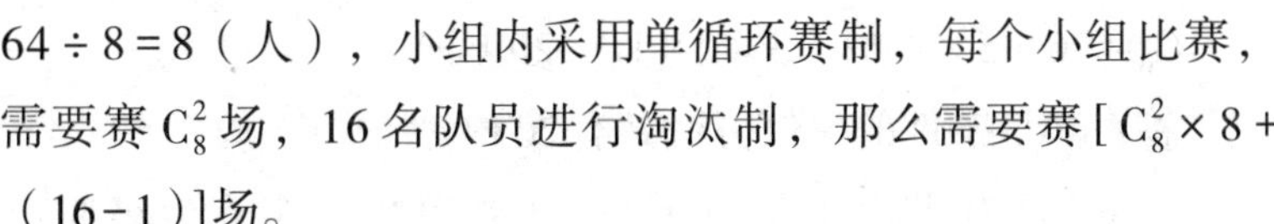

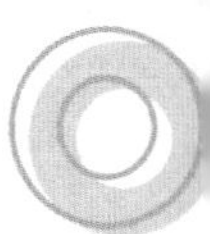

64÷8=8（人），小组内采用单循环赛制，每个小组比赛，需要赛C_8^2场，16名队员进行淘汰制，那么需要赛[C_8^2×8+（16−1）]场。

解：①如果采用单循环赛制，不考虑顺序，需要赛：

C_{64}^2=（64×63）÷2=2016（场）。

答：如果采用单循环赛制，决出冠军和亚军，至少需要赛2016场。

②如果先分成8个小组，每组有64÷8=8（人），

在小组内采用单循环赛制，每个小组需要赛：

C_8^2=8×7÷2=28（场）。

然后16名队员进行淘汰制，那么一共需要赛：

28×8+（16−1）=239（场）。

答：如果先分成8个小组，在小组内采用单循环赛制，小组前2名共16名队员进行淘汰制，一共要赛239场。

（3）马路上有编号为1、2、3、…、10的十盏路灯，为节约用电又能看清路面，可以把其中的三盏灯关掉，但不能同时关掉相邻的两盏或三盏，在两端的灯也不能关掉的情况下，满足条件的关灯方法共有多少种？

考点：组合问题，采用隔板法。

分析：题意是关掉的灯不能相邻，也不能在两端。又因为灯与灯之间没有区别，不涉及顺序问题。因而问题是在7盏亮着的灯形成的不包含两端的6个空中选出3个空放置熄灭的灯。

解：根据题意，7盏亮着的灯形成的不包含两端的6个空中选出3个空放置熄灭的灯，共有：

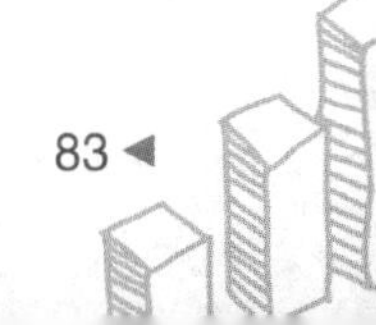

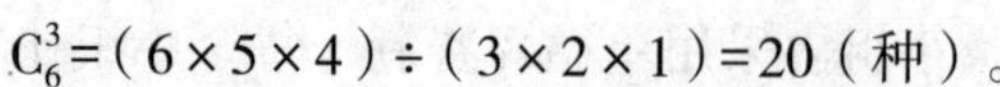

$C_6^3=(6\times5\times4)\div(3\times2\times1)=20$（种）。

答：满足条件的关灯方法共有20种。

（4）现有男生3人，女生4人（其中一名女生名叫小红），从中选取男女生各2人，分别参加数学、音乐、英语、美术兴趣小组。

①一共有多少种选法？

②参加数学兴趣小组的不是女学生小红的选法有多少种？

考点：排列组合综合问题。

分析：①从3个男生中选取2人，有C_3^2种选法；从4名女生中选取2人，有C_4^2种选法。在4人确定的情况下，参加4个不同小组有A_4^4种选法。一共有$C_3^2\times C_4^2\times A_4^4$种选法。②假设参加数学小组的是小红，此时的问题相当于从3名男生中选出2人，有C_3^2种选法；从3名女生中选出1人，有C_3^1种选法；3人参加3个小组时的选法，有A_3^3种，一共有$C_3^2\times C_3^1\times A_3^3$种选法，由①得，一共有$C_3^2\times C_4^2\times A_4^4$种选法。所以参加数学兴趣小组的不是女生小红的选法有$C_3^2\times C_4^2\times A_4^4-C_3^2\times C_3^1\times A_3^3$种选法。

解：①从3名男生中选取2人，从4名女生中选取2人，在4人确定的情况下，参加4个不同小组的有A_4^4种选法，一共有$C_3^2\times C_4^2\times A_4^4=3\times6\times24=432$（种）选法。

答：一共有432种选法。

②假设参加数学小组的是小红，从3名男生中选出2人，从3名女生中选出1人，3人参加3个小组时的选法一共有$C_3^2\times C_3^1\times A_3^3=3\times3\times6=54$（种），

参加数学兴趣小组的不是女生小红的选法有

$432-54=378$（种）。

答：参加数学兴趣小组的不是女学生小红的选法有378种。

奥数习题与解析

1. 基础训练题

（1）由数字1、2、3组成五位数，要求这五位数中1、2、3至少各出现一次，那么这样的五位数共有多少个？

分析：这是一道分类计数问题。由于题目中仅要求1、2、3至少各出现一次，没有确定1、2、3出现的具体次数，所以可以采取分类的方法进行统计。

解：分两类。①1、2、3中恰有一个数字出现3次，则其他两个数字出现（考虑顺序）A_5^2次，这样的数有：

$C_3^1\times A_5^2=60$（个）；

②1、2、3中有两个数字各出现2次，这样的数有：

$C_3^2\times 5\times C_4^2=90$（个）。

所以符合题意的五位数共有$60+90=150$（个）。

答：这样的五位数共有150个。

（2）10个人围成一圈，从中选出两个互不相邻的人，一共有多少种不同的选法？

分析：可以从所有的两人组合中排除掉相邻的情况。总的组合数是C_{10}^2，而被选的两个人相邻的情况有10种，所以一共有（C_{10}^2-10）种。

解：总的组合数是$C_{10}^2=10\times 9\div 2=45$（种），

被选的两个人相邻的情况有10种，所以一共有

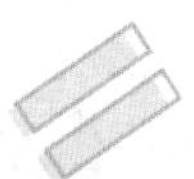

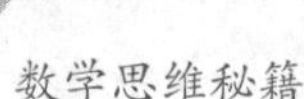

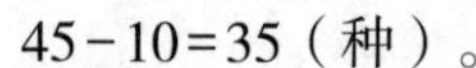

$45-10=35$（种）。

答：一共有35种不同的选法。

（3）从10名男生，8名女生中选出8人参加游泳比赛，请问在下列条件下，分别有多少种选法？

①恰有3名女生入选；

②至少有2名女生入选；

③某2名女生、某2名男生必须入选；

④某2名女生、某2名男生不能同时入选；

⑤某2名女生、某2名男生最多入选2人。

分析：①有3名女生入选，说明男生有5人入选，应有$C_8^3\times C_{10}^5$种选法。

②要求至少2名女生入选，那么“只有1名女生入选”和“没有女生入选”不符合要求，从所有可能的选法中减去不符合要求的情况，即有（$C_{18}^8-C_{10}^8-C_{10}^7\times C_8^1$）种选法。

③某4人必须入选，那么从剩下的14人中再选4人，有C_{14}^4种选法。

④某2名女生、某2名男生不能同时入选，那就从所有选法中减去某2名女生、某2名男生同时入选的选法，即有（$C_{18}^8-C_{14}^4$）种选法。

⑤分三类情况：4人无人入选，有C_{14}^8种选法；4人仅有1人入选，有$C_4^1\times C_{14}^7$种选法；4人仅有2人入选，有$C_4^2\times C_{14}^6$种选法，共有（$C_{14}^8+C_4^1\times C_{14}^7+C_4^2\times C_{14}^6$）种选法。

解：①选出8人参加游泳比赛，恰有3名女生入选，则男生有5人入选，一共有

$C_8^3\times C_{10}^5=56\times 252=14112$（种）。

答：恰有3名女生入选，有14112种选法。

②至少2名女生入选，即所有选法中减去没有女生入选的选法，再减去有1名女生入选的选法，一共有

$C_{18}^{8}-C_{10}^{8}-C_{10}^{7}\times C_{8}^{1}=C_{18}^{8}-C_{10}^{2}-C_{10}^{3}\times C_{8}^{1}=43758-45-120\times 8=$ 42753（种）。

答：至少有2名女生入选，有42753种选法。

③即从剩下的14人中再选4人，有

$C_{14}^{4}=(14\times 13\times 12\times 11)\div(4\times 3\times 2\times 1)=1001$（种）

答：某2名女生、某2名男生必须入选，有1001种选法。

④所有选法减去某2名女生、某2名男生必须入选的选法

$C_{18}^{8}-C_{14}^{4}=43758-1001=42757$（种）。

答：某2名女生、某2名男生不能同时入选，有42757种选法。

⑤第一类：4人无人入选，有C_{14}^{8}种选法；

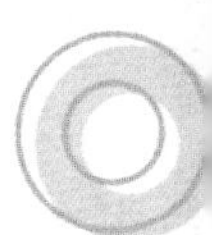

第二类：4人仅有1人入选，有$C_{4}^{1}\times C_{14}^{7}$种选法；

第三类：4人仅有2人入选，有$C_{4}^{2}\times C_{14}^{6}$种选法。

共有 $C_{14}^{8}+C_{4}^{1}\times C_{14}^{7}+C_{4}^{2}\times C_{14}^{6}=3003+4\times 3432+6\times 3003=$ 34749（种）。

答：某2名女生、某2名男生最多入选两人，有34749种选法。

（4）在6名内科医生和4名外科医生中，内科主任和外科主任各一名，现要组成5人医疗小组送医下乡，按照下列条件各有多少种选派方法？

①有3名内科医生和2名外科医生；

②既有内科医生，又有外科医生；

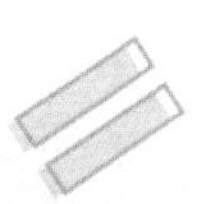

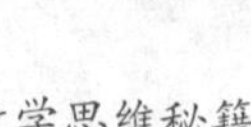

③至少有1名主任参加；

④既有主任，又有外科医生；

分析：①先从6名内科医生中选3名，有C_6^3种选法；再从4名外科医生中选2名，有C_4^2种选法。根据乘法原理，共有$C_6^3\times C_4^2$种选派方法。

②先考虑从10名医生中任意选5人，有C_{10}^5种选法；再考虑只有外科医生或只有内科医生的情况。由于外科医生只有4人，所以不可能只派外科医生，如果只派内科医生，有C_6^5种选法，所以一共有（$C_{10}^5-C_6^5$）种既有内科医生，又有外科医生的选派方法。

③如果选1名主任，那么不是主任的8名医生要选4人，有$2\times C_8^4$种选法；如果选2名主任，那么不是主任的8名医生要选3人，有$1\times C_8^3$种选法。根据加法原理，一共有（$2\times C_8^4+1\times C_8^3$）种选派方法。

④分两类讨论：第一类，若选外科主任，则其余4人可任意选取，有C_9^4种选法；若不选外科主任，则选内科主任，且剩余4人不能全选内科医生，有（$C_8^4-C_5^4$）种选法。根据加法原理，一共有（$C_9^4+C_8^4-C_5^4$）种选派方法。

解：①先从6名内科医生中选3名，有C_6^3种选法；

再从4名外科医生中选2名，有C_4^2种选法，共有选派方法：

$C_6^3\times C_4^2=20\times 6=120$（种）。

答：有3名内科医生和2名外科医生的选派方法有120种。

②从10名医生中任意选5人，有C_{10}^5种选法；

只派内科医生，有C_6^5种选法，共有选派方法：

$C_{10}^5-C_6^5=C_{10}^5-C_6^1=252-6=246$（种）。

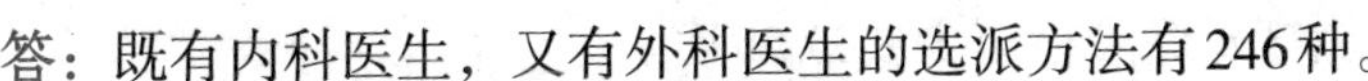

答：既有内科医生，又有外科医生的选派方法有246种。

③如果选1名主任，有$2\times C_8^4$种选法；

如果选2名主任，有$1\times C_8^3$种选法；

共有选派方法：

$2\times C_8^4+1\times C_8^3=2\times 70+1\times 56=196$（种）。

答：至少有一名主任参加的选派方法有196种。

④分两类讨论：第一类，若选外科主任，有C_9^4种选法；若不选外科主任，有（$C_8^4-C_5^4$）种选法。共有选派方法：

$C_9^4+C_8^4-C_5^4=C_9^4+C_8^4-C_5^1=126+70-5=191$（种）。

答：既有主任，又有外科医生的选派方法有191种。

2. 拓展训练题

（1）某管理员忘记了自己小保险柜的密码数字，只记得是由四个非0数字组成，且四个数字之和是9。确保打开保险柜至少要试几次？

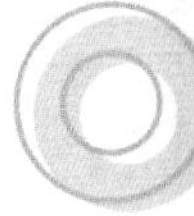

分析：排列组合问题，可采用两种方法解答。运用加法原理。四个非0数字之和等于9的组合有1、1、1、6；1、1、2、5；1、1、3、4；1、2、2、4；1、2、3、3；2、2、2、3六种。第一种中，可以组成的密码个数只要考虑6的位置即可，6可以任意选择四个位置中的一个，其余位置放1，共有4个选择；第二种中，先考虑放2，有4个选择，再考虑5的位置，可以有3个选择，剩下的位置放1，共有$4\times 3=12$（个）选择；同样的方法，可以得出第三、四、五种都各有12个选择。最后一种，与第一种的情形相似，3的位置有4种选择，其余位置放2，共有4个选择。综上所述，由加法原理，一共可以组成$4+12+12+12+12+4=56$（个）不同的四位数，即确

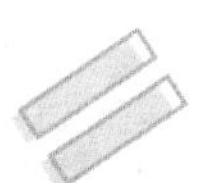

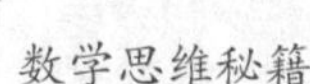

保能打开保险柜至少要试56次。

解：四个非0数字之和等于9的组合有1、1、1、6；1、1、2、5；1、1、3、4；1、2、2、4；1、2、3、3；2、2、2、3六种。

第一种：4个选择；

第二种：先放2，有4种选择，再考虑5，有3种选择，共有：$4\times3=12$（个）选择；

同理，第三、四、五种方法各有12个选择；

最后一种：4个选择。所以一共可以组成：

$4+12+12+12+12+4=56$（个）。

答：确保能打开保险柜至少要试56次。

（2）小红有10块糖，每天至少吃1块，7天吃完，她共有多少种不同的吃法？

分析：用两种方法解题。第一种方法，分三种情况来考虑：①当小红一天最多吃4块时，其余每天各吃1块，吃4块的这天可以是这7天里的任何一天，有C_7^1种吃法；

②当小红一天最多吃3块时，必有一天吃2块，其余5天每天吃1块，先选吃3块的那天，有7种选择，再选吃2块的那天，有6种选择，由乘法原理，有$7\times6=42$（种）吃法；

③当小红一天最多吃2块时，必有3天每天吃2块，其余4天每天吃1块，从7天中选3天，有C_7^3种吃法。

根据加法原理，小红一共有$7+42+C_7^3=84$（种）不同的吃法。

第二种方法：用隔板法，10块糖有9个空隙，选6个空放隔板，有：

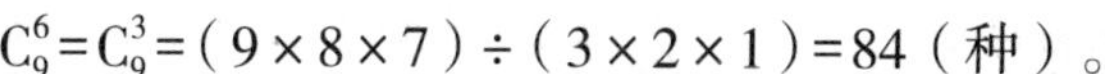

$C_9^6=C_9^3=(9\times8\times7)\div(3\times2\times1)=84$（种）。

答：她共有84种不同的吃法。

（3）某校举行男生乒乓球比赛，比赛分成3个阶段进行，第一阶段将参加比赛的48名选手分成8个小组，每小组6人，分别进行单循环赛；第二阶段将8个小组产生的前2名，共16人再分成4个小组，每组4人，分别进行单循环赛；第三阶段由4个小组产生的4个第1名进行2场半决赛和2场决赛，确定1至4名的名次。整个赛程一共需要进行多少场比赛？

分析：组合问题。第一阶段中，每个小组内部的6个人每2人要赛一场，组内赛C_6^2场，共8个小组，有$C_6^2\times8$场；第二阶段中，每个小组内部4人中每2人赛一场，组内赛C_4^2场，共4个小组，有$C_4^2\times4$场；第三阶段有（2+2）场。根据加法原理，整个赛程一共有（$C_6^2\times8+C_4^2\times4+2+2$）场比赛。

解：第一阶段和第二阶段，组内赛有

$C_6^2\times8+C_4^2\times4=15\times8+6\times4=144$（场）；

第三阶段，有2+2=4（场）。

一共需要进行144+4=148（场）。

答：一共需要进行148场比赛。

课外练习与答案

1. 基础练习题

（1）把20个苹果分给3个小朋友，每人最少分3个，可以有多少种不同的分法？

（2）有10粒糖，分3天吃完，每天至少吃一粒，一共有

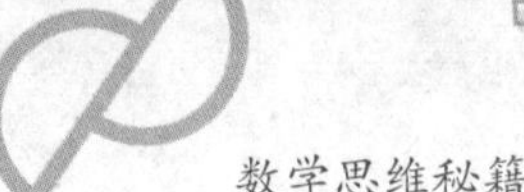

多少种不同的吃法？

（3）某市的电话号码是7位数，若每一数位上的数字可以是0、1、2、3、4、5、6、7、8、9中任意一个（数字可以重复，如0000000也算是一个电话号码）。这市最多有多少个电话号码？

（4）将10个三好学生名额分到7个班级，每个班级至少1个，有多少种不同分配方案？

（5）有6本不同的书按下列分配方式分配，分别有多少种不同的分配方式？

①分成1本、2本、3本三组；

②分给甲、乙、丙三人，其中一个人1本，一个人2本，一个人3本。

2. 提高练习题

（1）某省乒乓球锦标赛第一阶段共有32支球队参加，共分8个组，其中每组球队的前2名进入第二阶段比赛。如果这32支球队采取单循环赛制，第一阶段共赛多少场？

（2）一条马路上有编号为1、2、…、9的九盏路灯，为了节约用电，可以把其中的三盏关掉，但不能同时关掉相邻的两盏或三盏，那么所有不同的关灯方法有多少种？

3. 经典练习题

（1）停车场划出一排12个停车位置，现有8辆车需要停放，要求空车位置连在一起，那么不同的停车方法有多少种？

（2）将4名大学生分配到3个乡镇去当村干部，每个乡镇至少1名，有多少种不同的分配方案？

答　案

1. **基础练习题**

（1）可以有78种不同的分法。

（2）一共有36种不同的吃法。

（3）这个城市最多有10000000个电话号码。

（4）有84种不同分配方案。

（5）①有60种分配方式；

②有360种分配方式。

2. **提高练习题**

（1）第一阶段共赛48场。

（2）所有不同的关灯方法有35种。

3. **经典练习题**

（1）不同的停车方法有362880种。

（2）有36种不同的分配方案。

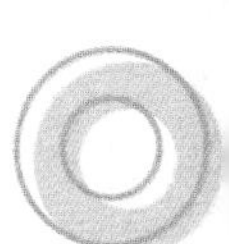

◆只恨点不到头

新年到了，大家也许在做“掷状元红”游戏吧！我们今天的课就从“掷状元红”开始吧。

把六枚骰子掷到同一个碗里，碰巧出现五个“6”点和一个“5”点，这就叫作“恨点不到头”。

真是可恨，这个名堂不过只能到手一个状元，如果那一点到了头，六枚骰子都是“6”点，就算作全色，就不只到手一只三十二注的状元签了。所以全六比“恨点不到头”高贵得多。

再说，如果别人掷出一个名堂叫“火烧梅花”，也就是五个“红”（4点）和一个“5”点，那么他就有权利把你已经得到的状元夺走，让你不过空欢喜一场而已，所以，红又比六更高贵一些。

玩骰子的朋友们，虽然只是游戏，但是他们也都想获胜，他们都希望红多，都希望全六，然而它们出现是多么难的事情啊！

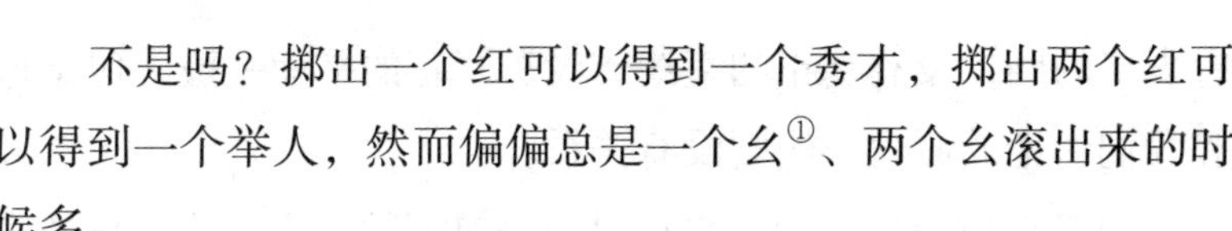

不是吗？掷出一个红可以得到一个秀才，掷出两个红可以得到一个举人，然而偏偏总是一个幺[①]、两个幺滚出来的时候多。

这是什么缘故呢？是骰子本身的构造就不可靠吗？还是有人故意做得叫红不容易出现呢？当然都不是，做骰子的人才没有考虑那么多。

下面先来讲一个非常简单的例子，那就是猜硬币。一个人在桌子上把钱币旋转起来，随手按下去，叫你猜那钱的上面是“正面”还是“反面”？这虽然是一个小游戏，但是也一样可以分胜负。

一个钱币只有两面。所以任它乱转，结果出现其中任何一面的结果，都是偶然。在这偶然中如果是只希望出现其中一面，那么，达到这目标都只有一半。按照数学上的说法，就是$\frac{1}{2}$，这个数在数学上称为旋转一个钱币出现其中一面的概率。

一个钱币是两面，所以它转动的结果，“可能”出现的不同的结果有两个。你指定要其中一面，只有一面能满足你的愿望。所以概率的基本原理是：

> 一件事，在机会均等的场合，“成功数”对于“可能数”的“比”，就是它的“概率”。

这个原理，有两点应当注意：第一，就是要机会均等。也就是说骰子必须是质地均匀，出现各点的概率相同。

严格地说，事实上的机会均等是没有的。这正如事实上没

① 数字中的“1”。

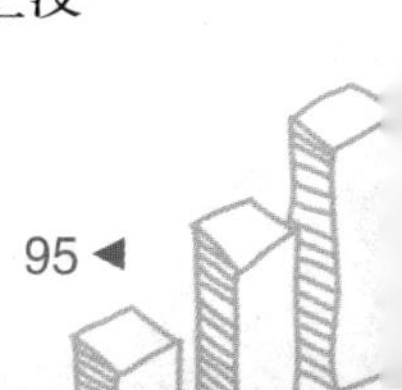

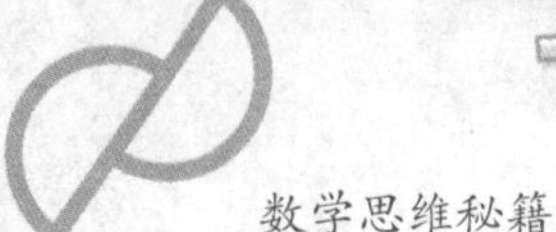

有真正的圆，没有真正的直线，没有真正的平面一般，但是这和我们讨论的原理、法则没有关系。

第二点应当注意的，也可以说是概率的基本性质，概率总是比1小。如果等于1，那就成为必然了。比如你将一个钱币两面都涂上红色，要转出红色的一面，那必然可以转出来。

除此之外，还有一点也很重要，我们按照理论计算出来的概率，要在实验次数很多的时候，才能和事实相近，实验次数越多，相近程度也就越大。

用一个钱币旋转两三次，结果也许全是正面，或全是反面，但是如果转到一千次、一万次、十万次，你就可以看出，正面或反面出现的次数渐渐接近于旋转次数的一半。

按照旋转钱币的例子来看掷骰子：一枚骰子有6个分别刻有1~6点的面，所以掷到碗里"可能"出现的样子有6种。如果你指定要的是4，那么成功的情形只有1种，所以它的概率只有$\frac{1}{6}$；而失败的概率却有$\frac{5}{6}$。两者相加，恰好是1。

假如我们的骰子是特制的，有一面是2，两面是3，三面是4，那么，掷到碗里出现2的概率是$\frac{1}{6}$；出现3的概率是$\frac{1}{3}$；出现4的概率是$\frac{1}{2}$，它们之和仍然是1。

再举一个例子：比如一个口袋里面只有黑白两种棋子，黑的数目是p，白的数目是q，那么随手摸一颗出来，这颗棋子是黑的，它的概率是$\frac{p}{p+q}$。反过来它要是白的，概率便是$\frac{q}{p+q}$。两个相加恰好是$\frac{p+q}{p+q}$，等于1。

看了这几个例子，概率的概念和基本原理大概可以明了

了吧！但是仅凭这一点简单的原理，还不能说明我们所提出的问题。

因为上面的例子，说到钱只有一个，说到骰子也只是一颗，就是最后的例子，也只是摸出一颗黑棋子，或摸出一颗白棋子的概率。

现在，我们进一步来看比较复杂的例子，比如把两颗骰子掷到碗里，要计算出现全红的概率；以及由上面的口袋中连摸两颗棋子，如果要全是白的，我们来计算它出现的概率，这就较为复杂了。

暂且将这些问题丢下，我们先来看另外的一个例子。比如，一个口袋里有红、白、黑、绿四种颜色的棋子，红的3颗、白的5颗、黑的6颗、绿的8颗，我们伸手在袋里任意摸出一颗来，要它是红的或黑的，这样，它的概率是多少呢？

第一步，我们知道，这个口袋里面所有的棋子总数是

$3+5+6+8=22$。

所以随手摸一颗出来，可能出现的样子有22个。在这22颗棋子当中只有3颗是红的，所以摸一颗红棋子出来的概率是$\frac{3}{22}$。同样的道理，摸一颗黑棋子出来的概率是$\frac{6}{22}$。

无论红棋子出现或黑棋子出现，我们的目的都算达到了，所以我们成功的概率，应当是它们两个概率的和，就是

$\frac{3}{22}+\frac{6}{22}=\frac{9}{22}$。

一般来说，比如那口袋里有A_1、A_2、A_3……种棋子，各种的数目分别是a_1、a_2、a_3……那么，摸一颗棋子出来，

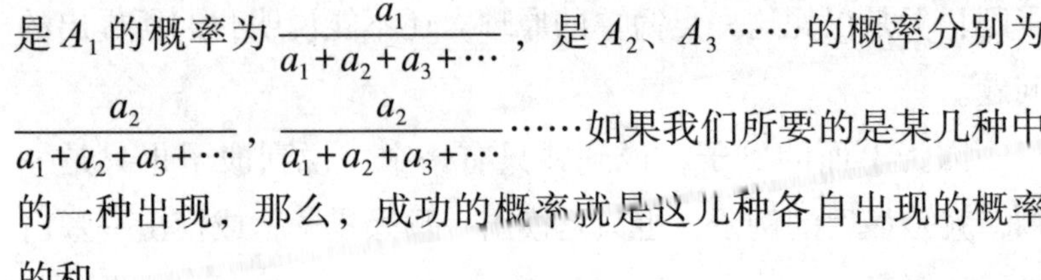

是 A_1 的概率为 $\frac{a_1}{a_1+a_2+a_3+\cdots}$，是 A_2、A_3……的概率分别为 $\frac{a_2}{a_1+a_2+a_3+\cdots}$，$\frac{a_2}{a_1+a_2+a_3+\cdots}$……如果我们所要的是某几种中的一种出现，那么，成功的概率就是这几种各自出现的概率的和。

再举一个例子，比如一个口袋里只有白棋子5颗，黑棋子8颗，我们连摸两次，第一颗要是白的，第二颗要是黑的（假加第一颗摸出仍然放回去），这个成功的概率是多少呢？

这个问题，猛地看上去好像似乎和前一个没有什么区别，但是仔细一想，完全不同。

口袋中的棋子有5加8，总共13颗，所以第一次摸出白棋子的概率是 $\frac{5}{13}$，第二次摸出黑棋子的概率是 $\frac{8}{13}$，这都很容易明白。

但是现在的问题是，我们成功的概率是不是 $\frac{5}{13}$ 与 $\frac{8}{13}$ 的和呢？它们两个的和恰好是1。前面已经说过，概率总比1小，如果等于1，那就成为必然的了。

事实上，我们的成功不是必然的，可见按照前面例子将这两个概率相加，是错误的。那么，怎样求出我们成功的概率呢？

仔细思考这两个例子，我们成功的条件虽然都是两个，但是在这两个例子中，两个条件的关系却大不相同。前一个例子，两个条件：出现红的和出现黑的，无论哪个条件成立，我们都算成功。换句话说，就是只需有一个条件成立。

在后一个例子中却必须有两个条件：第一颗白的，第二颗黑的，都成立。而第一次摸出的是白棋子，第二次摸出的还不

一定是黑棋子。因此，在第一个条件成功的希望当中，还只有一部分是完全成功的希望。

按照上例的数来说，第一个条件的成功概率是$\frac{5}{13}$，第二个条件的成功概率是$\frac{8}{13}$。全部成功的概率，在$\frac{5}{13}$当中还只有$\frac{8}{13}$，就是$\frac{5}{13}$的$\frac{8}{13}$，即$\frac{5}{13}\times\frac{8}{13}=\frac{40}{169}$。

因为这两种概率的性质截然不同，人们在数学上给它们各起一个名字，前一种叫“总和的概率”，后一种叫“构成的概率”。前一种是将各个概率相加，后一种是将各个概率相乘。前一种的性质是各个概率只需有一个成功就是最后的成功；后一种的性质是各个概率必须全都成功，才是最后的成功。

事实上，我们所遇见的问题，有些时候，两种性质都有，那就得同时将两种方法都用到。

假如后一个例子，不是限定要第一次是白棋子，第二次是黑棋子，只需两次中的颜色不同就可以。那么，第一次是白棋子，第二次是黑棋子，它的概率是$\frac{5}{13}\times\frac{8}{13}$；而第一次是黑棋子，第二次是白棋子，它的概率是$\frac{8}{13}\times\frac{5}{13}$。这都属于构成的概率的计算。

但是无论是先白后黑，还是先黑后白，我们都算成功。所以我们成功的概率，就这两种情况来说，是属于总和的概率的计算，而我们所求的概率是

$$\frac{5}{13}\times\frac{8}{13}+\frac{8}{13}\times\frac{5}{13}=\frac{40}{169}+\frac{40}{169}=\frac{80}{169}。$$

概率的计算是极有趣味而又最需要小心的，对于题目上的

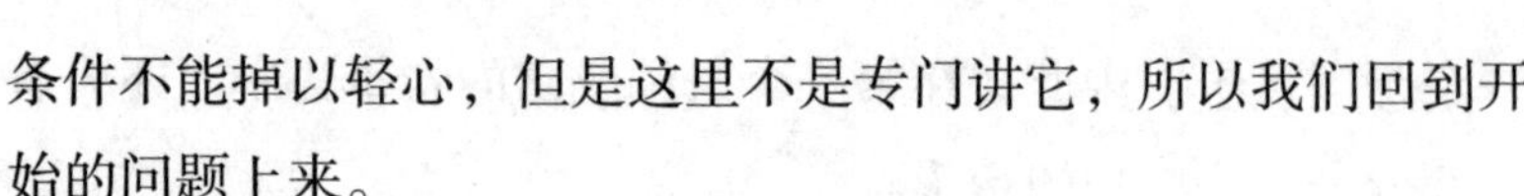

条件不能掉以轻心，但是这里不是专门讲它，所以我们回到开始的问题上来。

六枚骰子掷到同一个碗里，究竟会出现多少花样呢？关于这个问题，先得假定一个条件，就是我们能够将六枚骰子辨别得清楚。

按照平常的情形，只要掷出一枚红，就是秀才，无论这枚红是六枚骰子当中的哪一枚滚出来，这样，数目就简单了。

依据这个假定，按照排列法计算，我们总共可以掷出的花样，应当是6的6次方，就是46656种；但是如果六枚骰子完全一样，不能分辨出来，那就只有7776种了（$6^6 \div 6$）。

在这46656种花样当中，出现一个幺的概率有多少呢？我们假定了六枚骰子是可以辨别清楚的，那么不妨先从某一枚骰子出现幺的概率来讨论。

因为我们只要一个幺，所以除了这一枚指定要它出现幺以外，都必须滚出其他的五面来才可以成功。换句话说，就是其余的五枚骰子必须不出现幺。

按照概率的基本原理，指定骰子出现幺的概率是$\frac{1}{6}$，其他五枚骰子不出现幺的概率都是$\frac{5}{6}$。又因为最后成功需要这些条件同时存在，所以这应当是构成的概率计算法，它的概率是

$$\frac{1}{6}\times\frac{5}{6}\times\frac{5}{6}\times\frac{5}{6}\times\frac{5}{6}\times\frac{5}{6}=\frac{3125}{46656}。$$

但是，无论六枚骰子当中的哪一枚滚出幺来，都符合我们的要求，所以我们所求的概率，应当是这六枚骰子每一枚出现幺的概率之总和。那就等于6个$\frac{3125}{46656}$相加，即

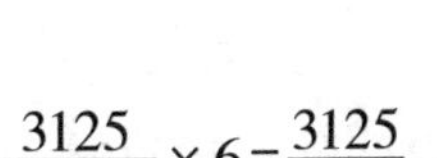

$\frac{3125}{46656}\times 6=\frac{3125}{7776}$。

我们一看这个数差不多接近$\frac{1}{2}$，所以这概率算是比较大的。依照这个计算法，我们可以掷出两个幺来的概率是

$$\left(\frac{1}{6}\times\frac{1}{6}\times\frac{5}{6}\times\frac{5}{6}\times\frac{5}{6}\times\frac{5}{6}\right)\times C_6^2=\frac{3125}{15552}。$$

照推下去，可以掷出3，4，5，6个幺的概率分别是

$$\left(\frac{1}{6}\times\frac{1}{6}\times\frac{1}{6}\times\frac{5}{6}\times\frac{5}{6}\times\frac{5}{6}\right)\times C_6^3=\frac{625}{11664};$$

$$\left(\frac{1}{6}\times\frac{1}{6}\times\frac{1}{6}\times\frac{1}{6}\times\frac{5}{6}\times\frac{5}{6}\right)\times C_6^4=\frac{125}{15552};$$

$$\left(\frac{1}{6}\times\frac{1}{6}\times\frac{1}{6}\times\frac{1}{6}\times\frac{1}{6}\times\frac{5}{6}\right)\times 6=\frac{5}{7776};$$

$\frac{1}{6}\times\frac{1}{6}\times\frac{1}{6}\times\frac{1}{6}\times\frac{1}{6}\times\frac{1}{6}=\frac{1}{46656}$。（注意这里不用6去乘了）

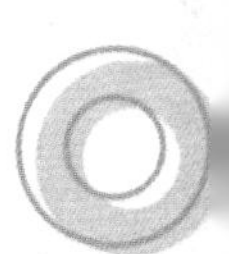

在理论上，一枚骰子出现1、2、3、4、5、6的机会是均等的，所以出现一个红的概率也是$\frac{3125}{7776}$，并不比出现一个幺难。同样的理由，出现五个6或五个红的概率也和出现五个幺的一样，仍然是$\frac{5}{7776}$，而全六或全红的概率只有$\frac{1}{46656}$。

这就可以再进一步来看“恨点不到头”和“火烧梅花”的概率了。它们不但分别是要五枚出现6和红，而且还要剩下的一枚出现的是5。

按照常理来看，第二个条件的概率当然是$\frac{1}{6}$。但是在这里却有一点要注意，$\frac{1}{6}$这个概率是由一枚骰子有六面而来的。然

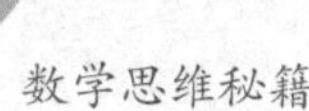

而就第一个条件来讲，已经限定是五个6或红，这枚就绝不能再是6或红。

因此六面中得有一面需要先除掉，只有五面是符合条件的，所以第二个条件的概率应当是$\frac{1}{5}$，而那两个情形各自出现的概率便是

$$\frac{5}{7776}\times\frac{1}{5}=\frac{1}{7776}。$$

从这计算的结果，我们可以知道，全色比五子出现的概率小，我们觉得它难出现，这很合理。至于把红看得比幺高贵些，只是一种人为的约束，并不是它比幺难出现，到此我们的问题就算解决了。

也许，还有的人不满足，因为我们所得出的只是客观的理论，和主观的经验好像不太一致。我们将骰子掷到碗里时，满心不愿意幺出现，而偏偏常常见到它。

要解释这个疑团倒很容易，你只需要多试验几次，改过来，出现一个幺得一个秀才，出现两个幺得一个举人。你就可以看出来，红又会比幺容易出现了，这是不是因为骰子也和人们一样有意志，而且习惯为难我们呢？

这只不过是人们的主观经验罢了。因为人们的注意力只会集中到红上面去，它的出现就使我们感到欣喜。幺的出现是我们所不希望的，所以厌恶它，“仇人”相见分外眼明，就觉得它常常滚了出来。

如果我们能够耐下心来，把各个数每次出现的次数都记录下来，一直记到几百、几千、几万次，再将它们统计一下，这才是纯理性的、客观的。这个经验一定和我们平常所得到的大

相径庭，而和我们计算的结果相近。

所以，科学的方法第一步是观察和实验，要想结果可靠，观察者和实验者的头脑必须保持冷静。

像掷骰子这类游戏，我们可以凭借数字将它的变化计算出来，使我们得到一个明确的认识。但是别的现象，因为它本身的复杂性，以及科学没有达到充分进步的境界，我们就无法得到明确的认识，因而要除去情感和偏见就更不容易了。

类似于掷骰子的情况，我们要举起例子来，那真是俯拾即是，不胜枚举。这里再来随便说几个，以证明有时我们的日常生活是多么不理性。

比如你家里有人生了病，你正着急万分，有一位朋友好心来看望你，他给你介绍医生，给你说偏方。你听他满口说出的都是那医生医好了人的例子，和那偏方的神奇功效。然而假如你信以为真，结局和预期可能完全不同。

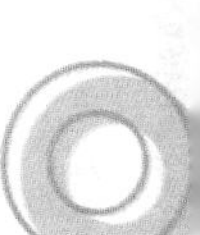

那么你会讨厌他吗？他是好心帮你，并不是存心要欺骗你，只是他不会注意到有多少人上过那偏方的当。

又比如20世纪20年代，上海彩票风行的时候，你听那些买彩票的人，他们口里所讲的都是哪一个穷困的人，东拼西凑地买了一张彩票，就中了头彩。不然就是某个人也得了大奖，但是你绝不会听到他们说出一个因为买彩票而倒霉的人来。

他们一点都不知道吗？不是的，也许他们自己就连续买了好多次却不曾中过，但是这种事实不利于他们，所以不高兴留意，也就不容易想起来。他们即使想起来了，也总还想着即将到来的一次会和以前不一样。

确实，在我们的日常生活中，我们喜欢保留在记忆里

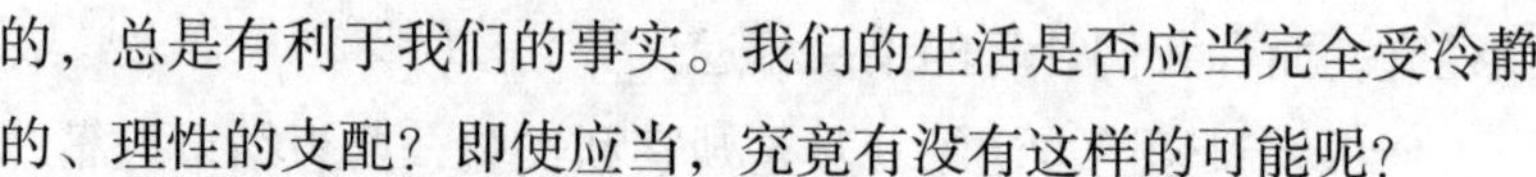

的，总是有利于我们的事实。我们的生活是否应当完全受冷静的、理性的支配？即使应当，究竟有没有这样的可能呢？

要想整理现象，第一步就必须先将那些现象看得明了、透彻。偏见和感情好比一副有色眼镜，这副眼镜架在鼻梁上面，两眼就没法把外面的真实色彩看得清楚。所以，踏进科学领域的第一步，是观察和实验。

在开始观察和实验之前，必须得先从鼻梁上将那副有色的眼镜摘下来。

观察和实验说来很简单，只要去看、去实验就好了，但是真能做得好，简直可以说已经踏入科学领域的一半了。

如果我们真要研究问题，最好还是先从观察和实验做起。依靠现成的理论来演绎，一不小心，我们所依靠的理论就会统治我们，成为我们的有色眼镜，不是吗？

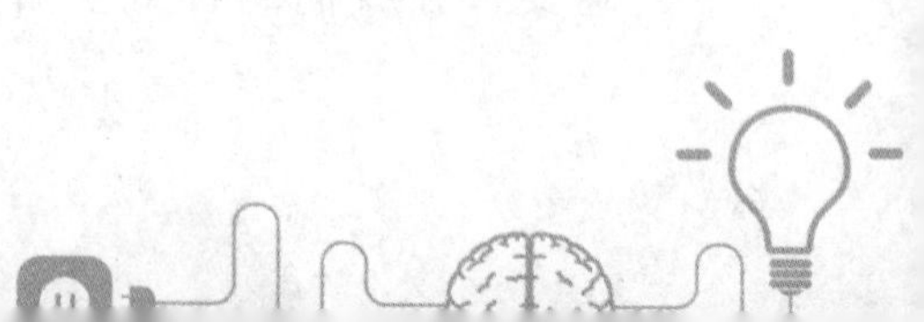

基本公式与例解

1. 基本概念与公式

（1）基本概念

一枚骰子有6个面，将它掷到碗里可能出现1点朝上、2点朝上、3点朝上、4点朝上、5点朝上和6点朝上这6种结果。如果指定想要1点朝上的话，那么我们成功的可能性只有$\frac{1}{6}$，我们就将这“$\frac{1}{6}$”叫作这个掷骰子事件的“概率”。

在一定条件下，重复做n次试验，n_A为n次试验中事件A发生的次数。如果随着n逐渐增大，频率$\frac{n_A}{n}$逐渐稳定在某一数值p附近，那么数值p称为事件A在该条件下发生的概率，记做$P(A)=p$。p总是介于0和1之间，越接近1，该事件越可能发生；越接近0，该事件越不可能发生。

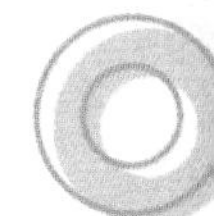

例：有一枚骰子，连续掷2次。

①出现两次1点的概率是多少？

②出现一次1点的概率是多少？

③没有出现1点的概率是多少？

解：P（掷出1点）$=\frac{1}{6}$，

P（没有掷出1点）$=1-\frac{1}{6}=\frac{5}{6}$。

①出现两次1点的概率为$\frac{1}{6}\times\frac{1}{6}=\frac{1}{36}$；

②出现一次1点的概率为$\frac{1}{6}\times\frac{5}{6}+\frac{5}{6}\times\frac{1}{6}=\frac{5}{18}$；

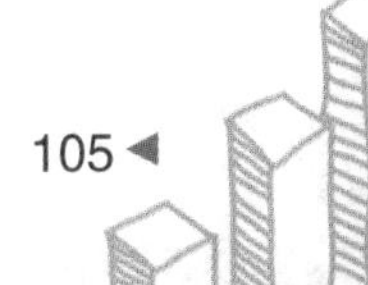

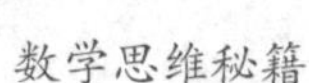
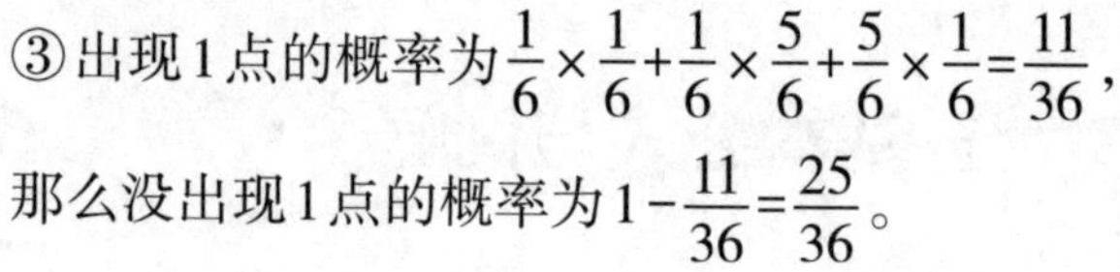

③出现1点的概率为$\frac{1}{6}\times\frac{1}{6}+\frac{1}{6}\times\frac{5}{6}+\frac{5}{6}\times\frac{1}{6}=\frac{11}{36}$，

那么没出现1点的概率为$1-\frac{11}{36}=\frac{25}{36}$。

（2）性质

①$P(\Omega)=1$，$P(\Phi)=0$。

其中Ω、Φ分别表示必然事件（在一定条件下必然发生的事件）和不可能事件（在一定条件下必然不发生的事件）。

②对于任意一个事件A，有$P(A)\leqslant 1$。

③对任意两个事件A和B，有$P(B-A)=P(B)-P(AB)$。

④当事件A和B满足A包含于B时，有$P(B-A)=P(B)-P(A)$，$P(A)\leqslant P(B)$。

例：从1～100这100个整数中任取一个数，被取到的数能被3或4整除的概率是多少？

解：设A={取到的数能被3或4整除}，

B={取到的数能被3整除}，

C={取到的数能被4整除}，

则$A=B\cup C$，$P(A)=P(B)+P(C)-P(BC)$，

$100\div 3=33\cdots\cdots 1$，　　$P(B)=\frac{33}{100}$；

$100\div 4=25$，　　$P(C)=\frac{25}{100}$；

$100\div(3\times 4)=8\cdots\cdots 4$，　　$P(BC)=\frac{8}{100}$。

$$P(A)=P(B)+P(C)-P(BC)$$
$$=\frac{33}{100}+\frac{25}{100}-\frac{8}{100}$$
$$=\frac{1}{2}。$$

答：被取到的数能被3或4整除的概率是$\frac{1}{2}$。

（3）概率的加法公式

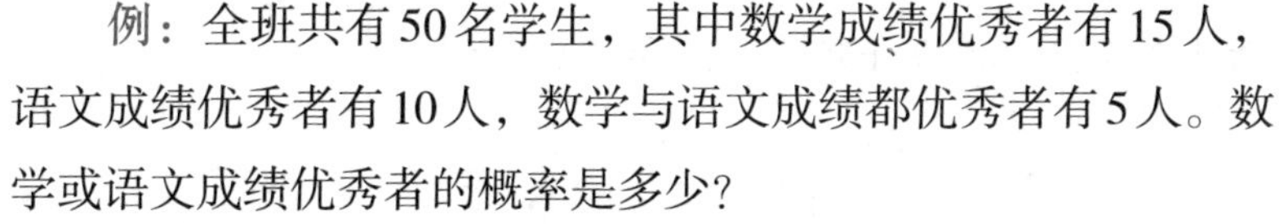

对任意两个事件A与B，有$P(A+B)=P(A)+P(B)-P(AB)$。

①若A与B互斥，则$P(A+B)=P(A)+P(B)$；

②若A与B为对立事件，则$P(A)+P(B)=1$。

例：全班共有50名学生，其中数学成绩优秀者有15人，语文成绩优秀者有10人，数学与语文成绩都优秀者有5人。数学或语文成绩优秀者的概率是多少？

解：设A={数学成绩优秀者}，B={语文成绩优秀者}，

则AB={数学与语文成绩优秀者}，

所以$A+B$={数学或语文成绩优秀者}。

$$P(A+B)=P(A)+P(B)-P(AB)$$
$$=\frac{15}{50}+\frac{10}{50}-\frac{5}{50}$$
$$=\frac{2}{5}。$$

答：数学或语文成绩优秀者的概率是$\frac{2}{5}$。

（4）概率的乘法公式

对任意两个事件A与B，$P(AB)$是A，B同时发生的概

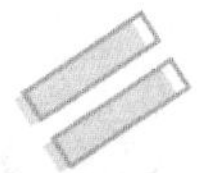

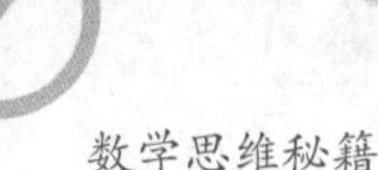

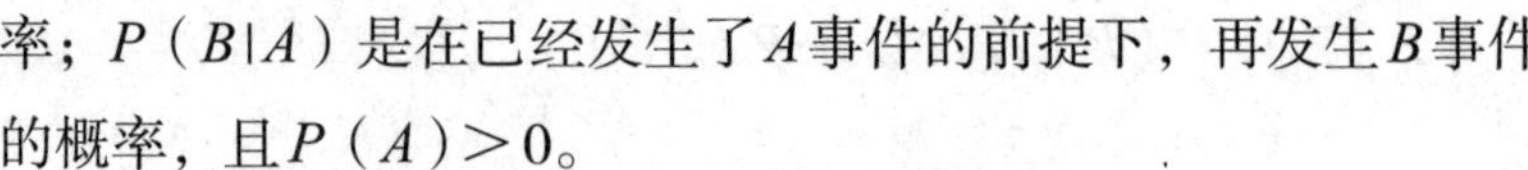

率；$P(B|A)$是在已经发生了A事件的前提下，再发生B事件的概率，且$P(A)>0$。

$$P(B|A)=\frac{P(AB)}{P(A)},$$

$$P(AB)=P(A)P(B|A)$$
$$=P(B)\times P(A|B)。$$

例：盒中有红球5个，蓝球11个，其中红球中有2个玻璃球，3个木质球；蓝球中有4个玻璃球，7个木质球，现从中任取一球，假设每个球被摸到的可能性相同。若已知取到的球是玻璃球，则它是蓝球的概率是多少？

解：记“取到蓝球”为事件A，“取到玻璃球”为事件B，则已知取到的球为玻璃球，它是蓝球的概率就是B发生的条件下A发生的条件概率，记作$P(A|B)$。

$$\because P(AB)=\frac{4}{16}=\frac{1}{4},\ P(B)=\frac{6}{16}=\frac{3}{8},$$

$$\therefore P(A|B)=\frac{P(AB)}{P(B)}=\frac{\frac{1}{4}}{\frac{3}{8}}=\frac{2}{3}。$$

2. 强化训练

例1：袋子里装有3个白球和2个黑球，从袋子中任意摸出2个球，全是白球的概率是多少？

解：（方法一）从5个球中任意取出2个，有$C_5^2=10$种情况，且它们互相之间都是互斥事件，出现的概率均等，两个球都是白球有$C_3^2=3$种情况。

全是白球的概率P（白球）$=3\div 10=\frac{3}{10}$。

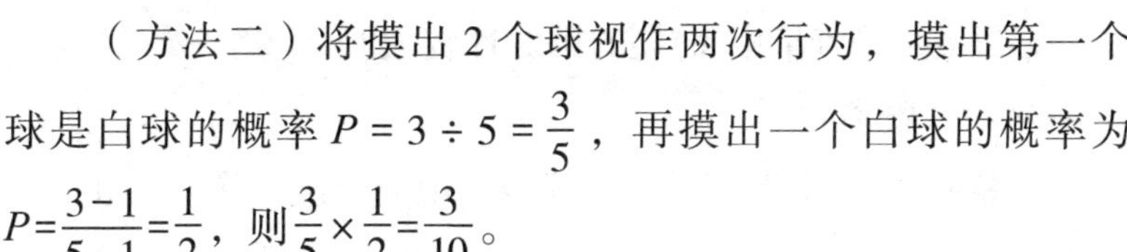

（方法二）将摸出 2 个球视作两次行为，摸出第一个球是白球的概率 $P=3\div5=\frac{3}{5}$，再摸出一个白球的概率为 $P=\frac{3-1}{5-1}=\frac{1}{2}$，则 $\frac{3}{5}\times\frac{1}{2}=\frac{3}{10}$。

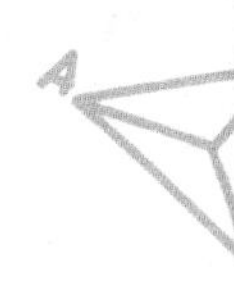

答：全是白球的概率为 $\frac{3}{10}$。

例2：袋子里有3个红色的球和2个蓝色的球。

①不放回的摸2个球，2个球都为蓝色的概率是多少？

②不放回的摸2个球，2个球颜色相同的概率是多少？

解：①2个球都为蓝色的概率 $P=\frac{2}{5}\times\frac{1}{4}=\frac{1}{10}$。

答：2个球都为蓝色的概率是 $\frac{1}{10}$。

②2个球都为红色的概率 $P=\frac{3}{5}\times\frac{2}{4}=\frac{3}{10}$，

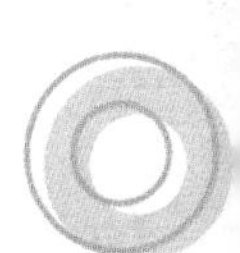

2个球颜色相同的概率 $P=\frac{1}{10}+\frac{3}{10}=\frac{2}{5}$。

答：2个球颜色相同的概率是 $\frac{2}{5}$。

应用习题与解析

1. 基础练习题

（1）约翰与汤姆掷硬币，约翰掷两次，汤姆掷两次，约翰掷两次……这样轮流掷下去。如果约翰连续两次掷得的结果相同，记1分，否则记0分；如果汤姆连续两次掷得的结果中至少有1次硬币的正面向上，记1分，否则记0分。谁先记满

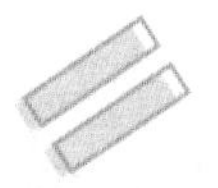

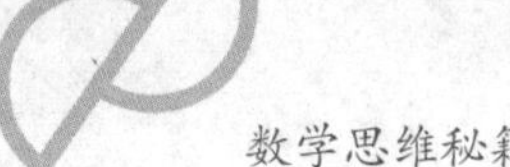

10分谁就赢。他们两人谁赢的可能性较大?

考点：概率问题。

分析：连续掷两次硬币，可能出现的情况有（正，正），（正，反），（反，正），（反，反），共四种情况。“约翰连续两次掷得的结果相同记1分”，是两种情况，则他记分的概率为$\frac{1}{2}$；“汤姆连续两次掷得的结果中至少有1次硬币的正面向上记1分”，是三种情况，则他记分的概率为$\frac{3}{4}$。所以汤姆赢得的可能性大。

解：连续掷两次硬币，可能出现的情况有（正，正），（正，反），（反，正），（反，反），共四种情况。约翰记分的概率是$\frac{1}{2}$，汤姆记分的概率是$\frac{3}{4}$。

所以汤姆赢得的可能性大。

（2）在某个池塘中随机捕捞100条鱼，并给鱼作上标记后放回池塘中，过一段时间后又再次随机捕捞200条，发现其中有25条鱼是被作过标记的。如果两次捕捞之间鱼的数量没有增加或减少，请你估计这个池塘中一共有多少条鱼。

考点：概率问题。

分析：200条鱼中有25条鱼被标记过，所以池塘中鱼被标记的概率的实验值为$25\div200=0.125$，池塘中鱼的数量约为$100\div0.125=800$。

解：P（标记）$=25\div200=0.125$，

$100\div0.125=800$（条）。

（3）甲、乙两个学生各从0～9这10个数字中随机挑选了两个数字（可能相同），求：

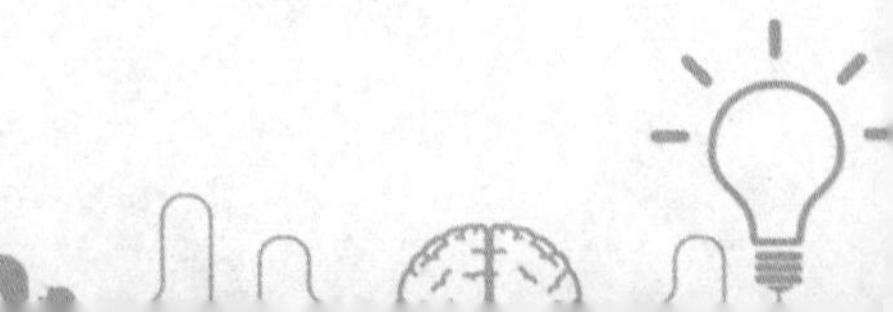

①这两个数字的差不超过2的概率；

②两个数字的差不超过6的概率。

考点：概率问题。

分析：根据乘法原理可以出现$10\times10=100$种情况。两个数相同（差为0）的情况有10种，两个数的差为1的情况有$2\times9=18$种，两个数的差为2的情况有$2\times8=16$种，所以两个数的差不超过2的概率就是将前面三种情况加起来的结果。②同样依照①的思路分析。

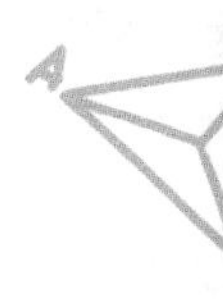

解：$10\times10=100$。

①P（差不超过2）

$=(1\times10+2\times9+2\times8)\div(10\times10)=\frac{11}{25}$。

②P（差不超过6）

$=1-(2\times3+2\times2+2\times1)\div(10\times10)=\frac{22}{25}$。

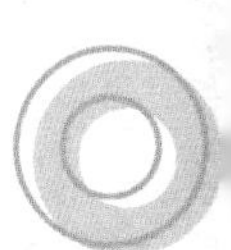

（4）从包含甲在内的6名学生中选4名去参加知识竞赛，甲被选中的概率是多少?

考点：概率问题。

分析：（方法一）从6名学生中选4人的不同组合有$C_6^4=15$种。其中4人中包括甲的不同组合相当于在5名学生中选3人，所以一共有$C_5^3=10$种。所以甲被选中的概率为$\frac{10}{15}=\frac{2}{3}$。

（方法二）显然这6名学生入选的概率是均等的。每人作为一号选手入选的概率为$\frac{1}{6}$，作为二号入选的概率是$\frac{1}{6}$，作为三号入选的概率是$\frac{1}{6}$，作为四号入选的概率是$\frac{1}{6}$。对于“甲”来说，他以一号、二号、三号、四号入选的情况是互斥事件，

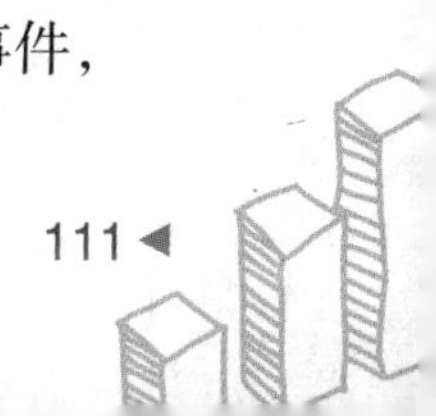

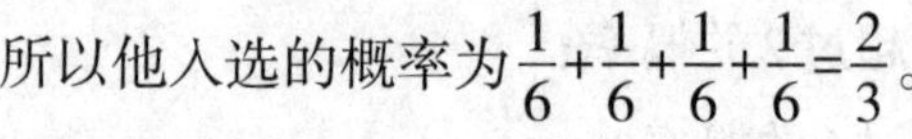

所以他入选的概率为$\frac{1}{6}+\frac{1}{6}+\frac{1}{6}+\frac{1}{6}=\frac{2}{3}$。

解：（方法一）P（甲）$=\frac{C_5^3}{C_6^4}=\frac{10}{15}=\frac{2}{3}$。

（方法二）因为6名学生入选的概率是均等的，所以每人入选的概率都是$\frac{1}{6}$。因为要选择4名学生参加比赛，所以甲入选的概率P（甲）$=4\times\frac{1}{6}=\frac{2}{3}$。

2. 巩固提高题

（1）一个小方木块的六个面上分别写有数字2、3、5、6、7、9，小光、小亮两人随意往桌面上掷这个木块。规定：当小光掷时，如果朝上的一面写的是偶数，得1分；当小亮掷时，如果朝上的一面写的是奇数，得1分。每人掷100次，谁得分高的可能性比较大？

考点：概率问题。

分析：因为2、3、5、6、7、9中奇数有4个，偶数只有2个，所以木块向上一面写着奇数的可能性较大，即小亮得分高的可能性较大。

解：P（奇数）$=4\div6=\frac{2}{3}$，

P（偶数）$=2\div6=\frac{1}{3}$。

因为P（奇数）$>P$（偶数），

所以小亮得分高的可能性较大。

（2）分别先后掷2次骰子，点数之和为6的概率为多少？点数之积为6的概率是多少？

考点：概率问题。

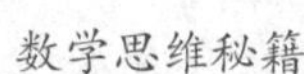

分析：根据乘法原理，先后两次掷骰子出现的两个点数一共有$6\times6=36$（种）情况，将点数之和为6的情况全部枚举出来，有：（1，5）、（2，4）、（3，3）、（4，2）、（5，1），点数之积为6的情况为（1，6）、（2，3）、（3，2）、（6，1）。两个数相加和为6的有5组，所以点数之和为6的概率是$\frac{5}{36}$，点数之积为6的概率为$\frac{4}{36}=\frac{1}{9}$。

解：$6\times6=36$。

①点数为6的情况有（1，5）、（2，4）、（3，3）、（4，2）、（5，1）。

P（点数之和为6）$=5\div36=\frac{5}{36}$。

②点数之积为6的情况为（1，6）、（2，3）、（3，2）、（6，1）。

P（点数之积为6）$=4\div36=\frac{1}{9}$。

所以点数之和为6的概率为$\frac{5}{36}$，点数之积为6的概率是$\frac{1}{9}$。

（3）书架上有三本数学书和两本语文书，某同学两次分别从书架各取一本书，取后不放回，若第一次从书架取出一本数学书记为事件A，第二次从书架取出一本数学书记为事件B，求$P(B|A)$的值。

考点：概率问题。

解：事件发生的概率$P(A)=\frac{3}{5}$，

事件B发生的概率为$P(B)=\frac{1}{2}$，

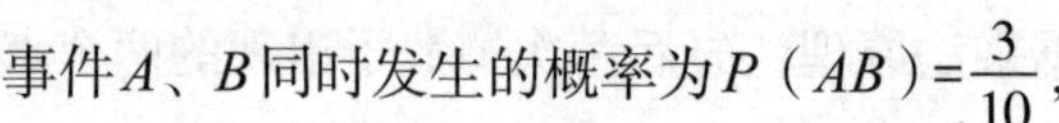

事件A、B同时发生的概率为$P(AB)=\frac{3}{10}$，

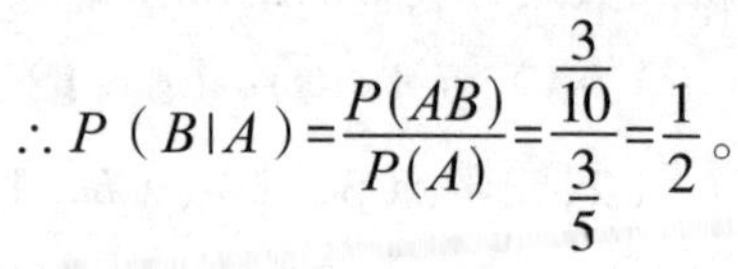

$$\therefore P(B|A)=\frac{P(AB)}{P(A)}=\frac{\frac{3}{10}}{\frac{3}{5}}=\frac{1}{2}。$$

奥数习题与解析

1. 基础训练题

（1）从小红家门口的车站到学校，有1路和9路两路公共汽车，它们都是每隔10分钟开来一辆。小红到车站后，只要看见1路或9路，马上就上车。据有人观察发现：1路车过去后3分钟就来9路车，而9路车过去后7分钟才来1路车。小红乘坐几路车的可能性较大？

分析：首先某一时刻开来1路车，从此时起，分析乘坐公共汽车如下表所示：

分钟	1	2	3	4	5	6	7	8	9	10	11	12	13	14	15	16	17	18	19	20
车号	1	9	9	9	1	1	1	1	1	1	1	9	9	9	1	1	1	1	1	1

由上表可知，每10分钟乘坐1路车的概率为$\frac{7}{10}$，乘坐9路车的概率为$\frac{3}{10}$，因此小红乘坐1路车的可能性较大。

解：因为总是1路车过去后3分钟就来9路车，而9路车过去后7分钟才来1路车，它们都是每隔10分钟来一辆，所以9

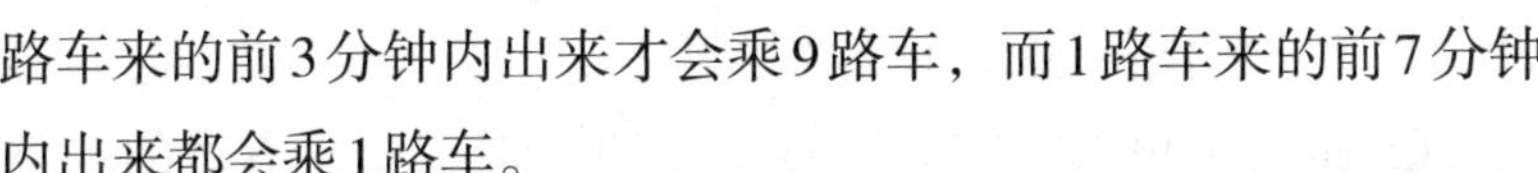

路车来的前3分钟内出来才会乘9路车，而1路车来的前7分钟内出来都会乘1路车。

P（1路）$=7\div 10=\frac{7}{10}$，

P（9路）$=3\div 10=\frac{3}{10}$。

P（1路）＞P（9路）。

答：小红乘坐1路车的可能性较大。

（2）从立方体（如图3.3-1）的八个顶点中选3个顶点。问

①它们能构成多少个三角形？

②这些三角形中有多少个直角三角形？

③随机取三个顶点，这三个点构成直角三角形的概率是多少？

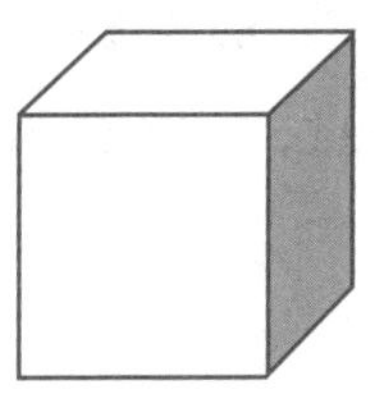

图 3.3-1

分析：最关键的是要了解三角形的性质。

①从8个顶点中任取3个顶点都能构成三角形。

②如果三角形的三个顶点中任两个都不在正方体的一条棱上，那么该三角形不是直角三角形。

③相反，三角形的三个顶点中有两个在正方体的一条棱上，则该三角形是直角三角形。

解：①$C_8^3=\frac{8\times 7\times 6}{3\times 2\times 1}=56$（个）。

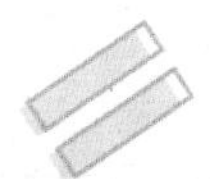

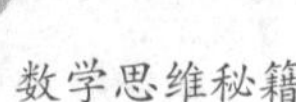

答：它们能构成56个三角形。

② 如果三角形的三个顶点中任两个都不在正方体的一条棱上，那么该三角形不是直角三角形。一共有8个不是直角三角形，所以直角三角形共有56－8=48（个）。

答：这些三角形中有48个直角三角形。

③P（直角三角形）$=\frac{48}{56}=\frac{6}{7}$。

答：随机取三个顶点，这三个点构成直角三角形的概率是$\frac{6}{7}$。

（3）一个标准的五角星（如图3.3－2）由10个点连接而成，从这10个点中随机选取三个点。

①这三个点在同一条直线上的概率是多少？

②这三个点能构成三角形的概率是多少？

③ 如果再选取一个点，那么这四个点恰好构成平行四边形的概率是多少？

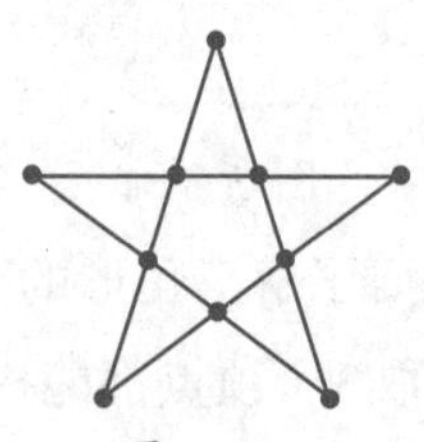

图 3.3－2

分析：① 首先求出从这10个点中随机选取3个点一共有多少种情况，然后判断出五条边上各有4个点，其中的任意3点都在同一条直线上，求出一共有多少种情况，再除以从这10个点中随机选取3个点一共有的情况的数量，求出这三个点在同一条直线上的概率为多少。

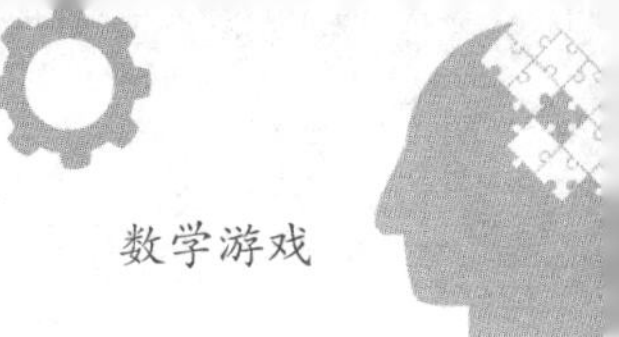

②根据题意，用1减去三个点在同一条直线上的概率，求出这三个点能构成三角形的概率为多少即可。

③首先求出从这10个点中随机选取四个点一共有多少种情况，然后判断出构成的平行四边形的个数，再除以从这10个点中随机选取四个点一共有的情况的总量，求出这四个点恰好构成平行四边形的概率为多少即可。

解：①从10个点中任意取3个，有$C_{10}^{3}=120$种情况。

其中涉及5条直线，每条直线上各有4个点，其中任意3点都共线，所以取这3点不能构成三角形，其概率是

$5\times\frac{C_4^3}{120}=\frac{1}{6}$。

答：这三个点在同一条直线上的概率是$\frac{1}{6}$。

②由①知，3点构成三角形的概率为

$1-\frac{1}{6}=\frac{5}{6}$。

答：这三个点能构成三角形的概率是$\frac{5}{6}$。

③从10个点中取4个点，有$C_{10}^{4}=210$种情况。

从10个点中选取四个，能组成的平行四边形有10个，所以构成平行四边形的概率是

$10\div 210=\frac{1}{21}$。

答：如果再选取一个点，那么这四个点恰好构成平行四边形的概率是$\frac{1}{21}$。

2. 拓展训练题

（1）A、B、C、D、E、F六人抽签推选代表，公证人一

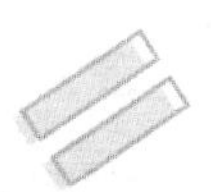

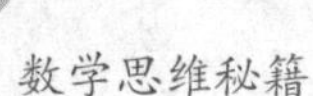

共制作了六枚外表一模一样的签，其中只有一枚刻着“中”，六人按照字母顺序先后抽签，抽完不放回，谁抽到“中”字即被推选为代表，那么这六人被抽中的概率分别为多少？

分析：A抽中的概率为$\frac{1}{6}$，没抽到的概率为$\frac{5}{6}$，如果A没抽中，那么B有$\frac{1}{5}$的概率抽中；如果A抽中，那么B抽中的概率为0。所以B抽中的概率为$\frac{5}{6}\times\frac{1}{5}=\frac{1}{6}$。同理，C、D、E、F抽中的概率都是$\frac{1}{6}$。由此可见六人抽中的概率相等，与抽签的先后顺序无关。

解：$P(A)=\frac{1}{6}$，

$P(B)=\frac{5}{6}\times\frac{1}{5}=\frac{1}{6}$，

$P(C)=\frac{5}{6}\times\frac{4}{5}\times\frac{1}{4}=\frac{1}{6}$，

$P(D)=\frac{5}{6}\times\frac{4}{5}\times\frac{3}{4}\times\frac{1}{3}=\frac{1}{6}$，

$P(E)=\frac{5}{6}\times\frac{4}{5}\times\frac{3}{4}\times\frac{2}{3}\times\frac{1}{2}=\frac{1}{6}$，

$P(F)=\frac{5}{6}\times\frac{4}{5}\times\frac{3}{4}\times\frac{2}{3}\times\frac{1}{2}\times 1=\frac{1}{6}$。

答：六个人抽中的概率相同，都是$\frac{1}{6}$。

（2）盒中有3个新球和1个旧球，第一次使用时从中随机取一个，用后放回，第二次使用时从中随机取两个。第二次取到的全是新球的概率是多少？

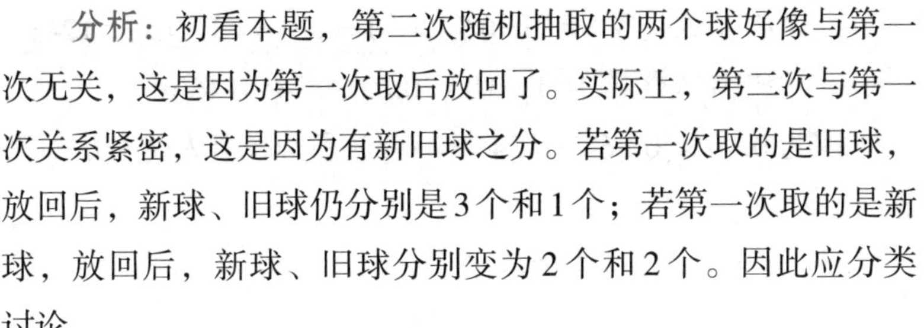

分析：初看本题，第二次随机抽取的两个球好像与第一次无关，这是因为第一次取后放回了。实际上，第二次与第一次关系紧密，这是因为有新旧球之分。若第一次取的是旧球，放回后，新球、旧球仍分别是3个和1个；若第一次取的是新球，放回后，新球、旧球分别变为2个和2个。因此应分类讨论。

解：若第一次取到的是旧球，则有$\frac{1}{C_4^1}\times\frac{C_3^2}{C_4^2}=\frac{1}{6}$；

若第一次取到的是新球，放回后，新球数量变为2个，

则有$\frac{C_3^1}{C_4^1}\times\frac{C_2^2}{C_4^2}=\frac{1}{8}$。

所以第二次取到的全是新球的概率是$\frac{1}{8}+\frac{1}{8}=\frac{1}{4}$。

答：第二次取到的全是新球的概率是$\frac{1}{4}$。

（3）在某次的考试中，甲、乙、丙三人优秀（互不影响）的概率分别为0.5，0.4，0.2。考试结束后，最容易出现几个人优秀的情况？

分析：甲、乙、丙三个人的优秀情况是互不影响的，分别求出三个人都优秀的概率、两两优秀的概率、单独一个人优秀的概率，再进行对比，数值越大概率越高。

解：P（三人都优秀）$=0.5\times0.4\times0.2=0.04$；

P（甲、乙优秀）$=0.5\times0.4\times(1-0.2)=0.16$，

P（甲、丙优秀）$=0.5\times(1-0.4)\times0.2=0.06$，

P（乙、丙优秀）$=(1-0.5)\times0.4\times0.2=0.04$。

P（2人优秀）$=0.16+0.06+0.04=0.26$；

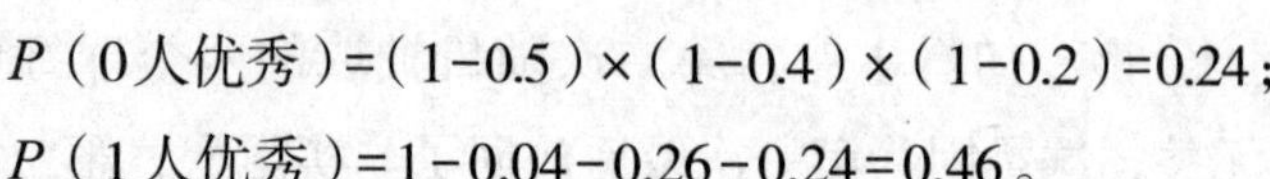

P（0人优秀）=（1−0.5）×（1−0.4）×（1−0.2）=0.24；

P（1人优秀）=1−0.04−0.26−0.24=0.46。

因为0.46＞0.26＞0.24＞0.04，所以1个人优秀的概率最大。

答：1个人优秀的概率最大。

课外练习与答案

1. 基础练习题

（1）袋子里共有10个球，5个粉色的和5个黄色的，任意从袋子里摸一个球，摸到两种颜色球的可能性相同吗？

（2）小刚做了20道题，做对15道。按照这种情形下做对题的概率计算，若他做对的是6道题，则他共做了多少道题？

（3）一批产品共10件，其中有2件次品，从这批产品中任取3件，取出的3件中恰有1件次品的概率是多少？

（4）一个盒子中有6粒黑棋子和9粒白棋子，从中任取两粒，这两粒棋子是不同颜色的概率是多少？

2. 提高练习题

（1）一袋中有7个红球和3个白球，从袋中有放回地取两次球，每次取一个，第一次取得红球且第二次取得白球的概率是多少？

（2）飞机在雨天晚点的概率为0.8，在晴天晚点的概率为0.2。天气预报称明天有雨的概率为0.4，请问明天飞机晚点的概率是多少？

（3）某射手在一次射击中，射中10环，9环，8环的概率

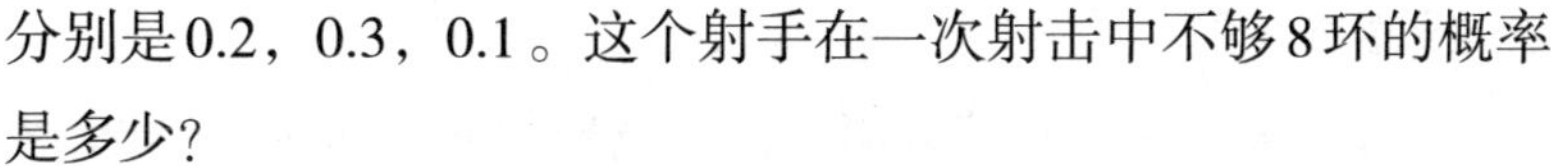

分别是0.2，0.3，0.1。这个射手在一次射击中不够8环的概率是多少？

（4）一个袋子中有5个大小相同的球，其中有3个黑球与2个红球，如果从中任取两个球，恰好取到两个同色球的概率是多少？

3. 经典练习题

（1）已知10只晶体管中有8只正品，2只次品，每次任抽一个测试。测试后放回，抽三次，第三只是正品的概率是多少？

（2）一块各面均涂有油漆的正方体被锯成27个同样大小的小正方体，将这些小正方体均匀地混在一起，从中随机地取出一个小正方体，其中两面涂有油漆的概率是多少？

（3）袋中有4个白球和5个黑球，从中连续取出3个球。

①取后放回，且顺序为“黑、白、黑”的概率是多少？

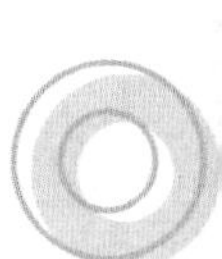

②取后不放回，且取出“2黑1白”的概率是多少？

答　案

1. 基础练习题

（1）摸到两种颜色球的可能性相同。

（2）他共做了8道题。

（3）取出的3件中恰有1件次品的概率是$\frac{7}{15}$。

（4）这两粒棋子是不同颜色的概率是$\frac{18}{35}$。

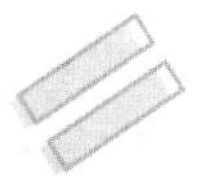

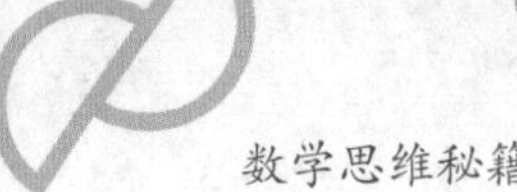

2. 提高练习题

（1）第一次取红球且第二次取白球的概率是0.21。

（2）明天飞机晚点的概率是0.44。

（3）这个射手在一次射击中不够8环的概率是0.4。

（4）恰好取到两个同色球的概率是$\frac{2}{5}$。

3. 经典练习题

（1）测试后放回，抽三次，第三只是正品的概率是$\frac{4}{5}$。

（2）其中两面漆有油漆的概率是$\frac{4}{9}$。

（3）①“黑、白、黑”的概率是$\frac{100}{729}$；

②“2黑1白”的概率是$\frac{10}{21}$。